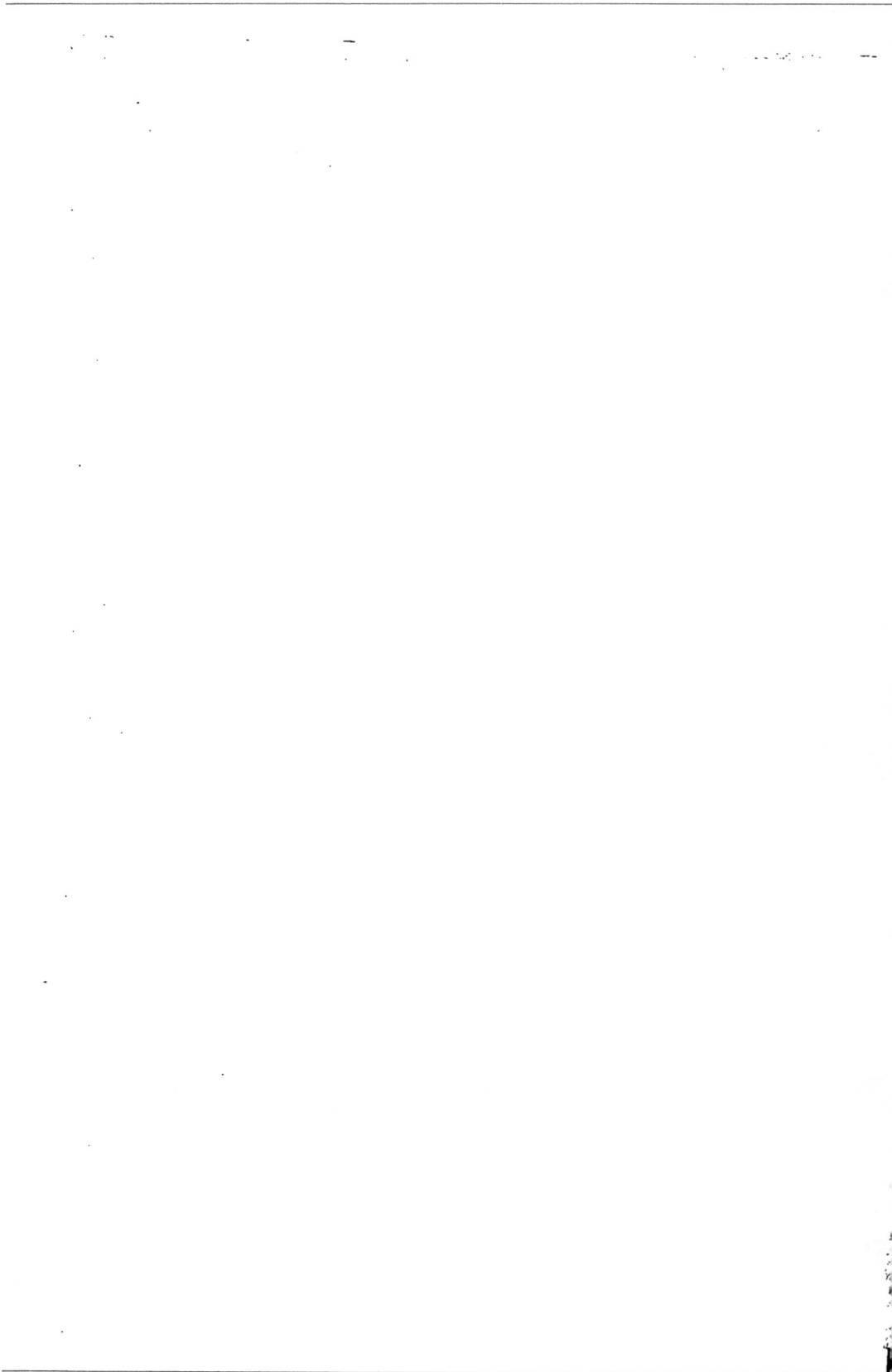

# ÉLÉMENTS

# D'ARITHMÉTIQUE

*Tout exemplaire de cet ouvrage non revêtu de ma griffe sera réputé contrefait.*

## DU MÊME AUTEUR.

**Éléments d'arithmétique,** à l'usage des candidats au baccalauréat ès sciences et aux écoles du Gouvernement. 1 vol. in-8° br. . . . . . . . . . . . . . . . . . . . . . . 4 fr.

# ÉLÉMENTS

# D'ARITHMÉTIQUE

## A L'USAGE

## DES CLASSES DE LETTRES

**Rédigés conformément aux programmes officiels
du 23 juillet 1874**

PAR

## J. DUFAILLY

Professeur au Collège Stanislas.

## PARIS

### LIBRAIRIE CH. DELAGRAVE

58, RUE DES ÉCOLES, 58

1876

# ÉLÉMENTS D'ARITHMÉTIQUE

## CHAPITRE PREMIER.

NOTIONS PRÉLIMINAIRES.— NUMÉRATION.— OPÉRATIONS
FONDAMENTALES SUR LES NOMBRES ENTIERS.

### NOTIONS PRÉLIMINAIRES.

**1. Définitions.** — On nomme *unité* un objet quelconque, abstraction faite de sa nature, et *nombre*, la
réunion de plusieurs unités de la même espèce, ou encore l'unité elle-même.

En ajoutant une unité à un nombre, on forme le
nombre suivant. La suite des nombres est donc illimitée.

L'*Arithmétique* est la science des nombres. Elle ap-
prend *à calculer*, c'est-à-dire à combiner les nombres
entre eux ; de plus elle étudie leurs propriétés.

### NUMÉRATION.

**2. Définition.** — La numération a pour but d'énoncer
et d'écrire les nombres. Elle se divise en deux parties :
la numération parlée et la numération écrite.

**3. Numération parlée.** — Pour arriver à nommer

les nombres jusqu'à une limite très-reculée à l'aide de peu de mots, on a établi les conventions suivantes.

D'abord les premiers nombres se nomment :

*un, deux, trois, quatre, cinq, six, sept, huit, neuf.*

Le suivant appelé *dix* constitue une nouvelle unité nommée *dizaine* ; de même la réunion de dix dizaines forme une centaine ou *cent* ; de même :

Dix centaines forment une unité de mille ou *mille* ;

Dix unités de mille forment une dizaine de mille ou *dix mille* ;

Dix dizaines de mille forment une centaine de mille ou *cent mille* ;

Dix centaines de mille forment une unité de million ou *million* ;

Dix unités de million forment une unité de million ou *dix millions* ;

Dix dizaines de million forment une centaine de million ou *cent millions* ;

Dix centaines de million forment une unité de billion ou *milliard* ; et ainsi de suite.

Les unités, dizaines, centaines, etc., s'appellent unités du 1er, du 2e, du 3e.... ordre. L'unité du 1er ordre se désigne aussi par le nom d'unité simple.

**4.** Considérons maintenant un nombre quelconque supérieur à neuf. On peut grouper dix par dix les unités de ce nombre : chaque groupe est une dizaine et s'il reste des unités n'ayant pu être groupées, leur nombre est nécessairement inférieur à dix. Les dizaines peuvent être elles-mêmes groupées dix par dix : chaque groupe est une centaine, et s'il reste des dizaines que l'on n'a pu grouper, leur nombre est moindre que dix. Les centaines à leur tour peuvent être réunies dix à dix pour former des mille et ainsi de suite jusqu'à ce qu'on arrive à des unités d'un certain ordre en nombre moindre que dix. — On voit ainsi que tout nombre peut être regardé comme composé d'unités des différents ordres, unités simples, dizaines, centaines,..... le nombre des unités de chaque ordre étant moindre que dix.

Par suite, un nombre quelconque peut être énoncé à l'aide des mots qui ont été indiqués plus haut.

Ainsi, si un nombre renferme huit unités simples, une dizaine, cinq centaines, sept mille, une dizaine de mille, huit centaines de mille et neuf millions, on l'énoncera :

> *neuf millions huit cent dix-sept mille cinq cent*
> *dix-huit unités.*

**5.** Les nombres dix un, dix deux, dix trois, dix quatre, dix cinq, dix six, ont reçu les noms particuliers :

> *onze, douze, treize, quatorze, quinze, seize.*

De même au lieu de dire : deux dix, trois dix..... neuf dix, on énonce :

*vingt, trente, quarante, cinquante, soixante, soixante-dix* (ou septante), *quatre-vingts* (ou octante), *quatre-vingt-dix* (ou nonante).

**6.** Les unités simples, mille, millions, billions,.... se nomment quelquefois *unités principales.* On peut remarquer que de trois en trois ordres les unités portent les mêmes noms suivis du nom de l'unité principale correspondante.

**7. Numération écrite.** — Pour représenter les nombres par l'écriture, on se sert des dix caractères suivants que l'on nomme *chiffres* :

$$1 \quad 2 \quad 3 \quad 4 \quad 5 \quad 6 \quad 7 \quad 8 \quad 9 \quad 0.$$

Les neuf premiers servent à représenter les nombres :

un, deux, trois, quatre, cinq, six, sept, huit, neuf.

Le dixième appelé zéro sert à indiquer l'absence d'unités.

Tous les nombres, quelque grands qu'ils soient, peuvent être écrits avec les signes qui précèdent moyennant la convention suivante :

*Tout chiffre écrit à la gauche d'un autre exprime des unités d'un ordre immédiatement supérieur à l'ordre des unités représentées par cet autre chiffre.*

On a vu en effet (4) que tout nombre peut être considéré comme se composant d'unités des différents ordres en nombre inférieur à dix pour chaque ordre en particulier. On a donc les signes nécessaires pour représenter le nombre d'unités de chaque ordre et le moyen de les grouper convenablement.

Le zéro en indiquant l'absence d'unités permet de conserver aux autres chiffres nommés *chiffres significatifs*, le rang qui convient à l'ordre des unités qu'ils représentent.

Ainsi le nombre cinquante mille deux cent cinq unités s'écrira :

$$50205$$

**8.** On nomme *valeur absolue* d'un chiffre la valeur qui dépend de sa forme, et *valeur relative*, celle qui dépend de sa position dans un nombre. Ainsi dans l'exemple précédent, le signe 5 a pour valeur absolue cinq. La valeur relative du 5 placé à droite est 5 unités; celle du 5 placé à gauche est cinq dizaines de mille.

**9**. Pour écrire en chiffres un nombre énoncé, *on commence par écrire le chiffre qui indique le nombre de ses unités les plus élevées, puis on place successivement à la suite en allant vers la droite les chiffres qui indiquent combien le nombre renferme d'unités des différents ordres, en ayant soin d'écrire un zéro toutes les fois qu'une unité d'un certain ordre vient à manquer dans le nombre.*

Ainsi le nombre dix-sept millions, trente-deux mille, huit cent neuf unités, s'écrira

$$17032809.$$

**10**. Pour énoncer un nombre écrit en chiffres on se base sur ce que de trois en trois ordres les unités portent les mêmes noms suivis de celui de l'unité principale correspondante. *On partage donc le nombre en tranches de trois chiffres en allant de droite à gauche, la dernière tranche à gauche pouvant ne contenir qu'un ou deux chiffres. Puis commençant par cette dernière, on lit successivement chaque tranche comme si elle était seule en allant vers la droite et en donnant à chacune d'elles le nom des unités principales qu'elle représente.*

Ainsi le nombre 72654008 s'énonce :

*Soixante-douze millions, six cent cinquante-quatre mille, huit unités.*

**11**. On nomme *base* d'un système de numération le nombre d'unités nécessaire pour former une unité de l'ordre immédiatement supérieur.

Dix est la base du système qui vient d'être exposé et que l'on nomme pour cette raison *système décimal*.

Tout nombre autre que un peut être pris pour base d'un système de numération. — On peut remarquer que le nombre des chiffres employés pour écrire les nombres dans un système quelconque est égal à la base du système adopté.

## OPÉRATIONS FONDAMENTALES SUR LES NOMBRES ENTIERS.

### ADDITION.

**12. Définition.** — *L'addition est une opération qui a pour but de former un nombre contenant toutes les unités renfermées dans deux ou plusieurs nombres donnés.* Le résultat de l'addition se nomme *somme* ou *total*.

On indique l'addition à l'aide du signe $+$ qui signifie *plus*. Ainsi $5 + 7$ représente la somme des nombres 5 et 7 et s'énonce 5 plus 7.

**13. Règle.** — Si les nombres à additionner ne renferment chacun qu'un seul chiffre, on obtient leur somme en ajoutant successivement au premier chacune des unités que renferme le second, puis au résultat chacune des unités du troisième nombre et ainsi de suite jusqu'au dernier.

Si les nombres à additionner renferment plusieurs chiffres, on obtiendra évidemment leur somme en ajoutant d'abord leurs unités, puis leurs dizaines, leurs centaines, etc., et en réunissant les résultats partiels. On est conduit ainsi à la règle suivante:

*Pour additionner plusieurs nombres, on les écrit les uns sous les autres de manière que leurs unités de même ordre se correspondent, puis on additionne les chiffres contenus dans la colonne des unités : si la somme ne surpasse pas 9, on l'écrit telle qu'on la trouve; dans le cas contraire, on n'écrit que les unités et l'on retient les dizaines pour les reporter à la colonne des dizaines. On opère sur celle-ci comme sur celle des unités, et l'on retient s'il y a lieu les centaines pour les ajouter à la colonne des centaines et ainsi de suite jusqu'à la colonne des plus hautes unités sous laquelle on écrit la somme telle qu'on la trouve.*

EXEMPLE. — Additionner les nombres : 6748, 9327, 3776.

$$\begin{array}{r} 6748 \\ 9327 \\ 3776 \\ \hline \end{array}$$
Somme    19851

On dira : 8 et 7 font 15, 15 et 6 font 21 ou 1 unité que l'on pose et 2 dizaines que l'on retient pour les reporter à la colonne des dizaines. Puis 2 de retenue et 4 font 6, 6 et 2 font 8, 8 et 7 font 15 ou 5 dizaines que l'on pose et 1 centaine que l'on retient pour la reporter à la colonne des centaines. Passant à cette colonne, on dit 1 de retenue et 7 font 8, 8 et 3 font 11, 11 et 7 font 18 ou 8 centaines que l'on pose et 1 mille que l'on retient. Enfin 1 de retenue et 6 font 7, 7 et 9 font 16, 16 et 3 font 19 mille que l'on écrit. Le résultat est donc 19851.

REMARQUE. — Il convient de faire l'opération en allant de droite à gauche comme il vient d'être indiqué, car si l'on suivait un autre ordre, on serait exposé à modifier à cause des retenues des chiffres déjà écrits. — Dans le cas où il n'y a pas de retenues, on peut évidemment opérer dans tel ordre que l'on veut.

**14. Preuve.** — On nomme *preuve* d'une opération une autre opération à l'aide de laquelle on vérifie l'exactitude de la première. Pour faire la preuve de l'addition on peut recommencer l'opération en additionnant de bas en haut si l'on a d'abord opéré de haut en bas, ou *vice versa*. Si l'opération première a été faite exactement, on doit retrouver le même résultat.

## SOUSTRACTION.

**15. Définition.** — *La soustraction est une opération qui a pour but de retrancher d'un nombre les unités contenues dans un autre nombre.* Le résultat se nomme *reste, excès* ou *différence*.

On indique la soustraction à l'aide du signe — qui signifie *moins*. Ainsi 9 — 4 représente la différence des nombres 9 et 4 et s'énonce 9 moins 4.

**16. Règle.** — Si le nombre à soustraire ne contient qu'un chiffre, on obtiendra le reste de la soustraction en retranchant du premier nombre successivement toutes les unités du nombre à soustraire.

Si le nombre à soustraire renferme plusieurs chiffres, il est clair qu'on obtiendra le résultat en retranchant les unités, dizaines, centaines, etc., de ce nombre, des unités, dizaines, centaines, etc., du plus grand nombre et en réunissant les résultats partiels obtenus. De là cette règle :

*Pour soustraire un nombre d'un autre, on place le*

*plus petit sous le plus grand de manière que les unités de même ordre se correspondent. On retranche ensuite en allant de droite à gauche chaque chiffre inférieur du chiffre supérieur correspondant et l'on a ainsi les chiffres qui composent le reste cherché.*

REMARQUE. — Cette règle suppose que toutes les soustractions partielles sont possibles. Or il peut arriver qu'un chiffre inférieur soit plus grand que le chiffre supérieur correspondant. *Dans ce cas, on augmente le chiffre trop faible de 10 unités de son ordre et en même temps on augmente d'une unité de son ordre le chiffre inférieur placé immédiatement à gauche du chiffre trop fort.* De cette façon la soustraction est rendue possible et le résultat définitif n'est pas altéré puisque les deux nombres proposés ont été augmentés d'une même quantité.

EXEMPLE. — Soustraire 3869 de 5217.

$$\begin{array}{r} 5217 \\ 3869 \\ \hline \end{array}$$

Différence $\quad 1348$

9 ne pouvant se retrancher de 7, on ajoute 10 unités à ce dernier chiffre et une dizaine au chiffre 6 du nombre à soustraire ; on dit alors 9 ôté de 17 reste 8 que l'on pose, puis comme on ne peut retrancher de 1 le nombre 6 plus 1 ou 7, on ajoute encore 10 au chiffre trop faible, une unité de centaine au chiffre 8, et l'on dit : 7 ôté de 11 reste 4 que l'on pose et 8 plus 1 ou 9 ôté de 2. Cette opération ne pouvant s'effectuer, on ajoute 10 au chiffre 2 et 1 unité au chiffre 3 et l'on dit : 8 plus 1 ôté de 12 reste 3 et 3 plus 1 ou 4 ôté de 5 reste 1. Le résultat de l'opération est donc 1348.

REMARQUE. — Il est bon de faire l'opération en allant de droite à gauche comme il vient d'être indiqué afin de ne pas être exposé à modifier des chiffres déjà écrits, ce qui arriverait dans le cas ci-dessus examiné. — Il est clair qu'on peut opérer dans tel ordre que l'on veut lorsque toutes les soustractions partielles sont possibles, c'est-à-dire lorsque chaque chiffre du nombre à soustraire est plus faible que le chiffre correspondant du nombre dont on soustrait.

**17. Preuve.** — Pour faire la preuve de la soustraction, il suffit d'additionner le plus petit nombre avec le reste : on doit trouver pour résultat le plus grand nombre, si la soustraction a été faite exactement.

REMARQUE. — La soustraction peut être définie, *une opération qui a pour but, étant donnés la somme de deux nombres et l'un de ces nombres, de trouver l'autre.*

**18. Théorème (\*).** — *Pour retrancher d'un nombre la différence de deux autres, il suffit d'ajouter à ce nombre le plus petit des deux autres et de retrancher du résultat le plus grand.*

En effet, soit à retrancher de 642 la différence 75 — 22 : si l'on ajoute 22 aux deux nombres sur lesquels la soustraction doit se faire, leur différence restera la même. On est donc ramené à retrancher de 642 + 22 le nombre 75 — 22 + 22 ou 75, ce qui donne pour résultat 642 + 22 — 75.

Faisant usage du signe = qui signifie *égale* et indiquant à l'aide d'une parenthèse que la différence non effectuée 75 — 22 doit être retranchée de 642, on peut exprimer le théorème par l'égalité :

$$642 - (75 - 22) = 642 + 22 - 75.$$

(\*) On nomme théorème une vérité qui a besoin d'être démontrée.

# MULTIPLICATION.

**19. Définition.** — *La multiplication est une opération qui a pour but de répéter un nombre nommé multiplicande autant de fois qu'il y a d'unités dans un autre nombre nommé multiplicateur.* Le résultat de l'opération se nomme *produit.* Le multiplicande et le multiplicateur s'appellent les *facteurs* du produit.

La multiplication s'indique par le signe $\times$ qui signifie *multiplié par.* Ainsi $8 \times 7$ représente le produit de 8 par 7 et s'énonce 8 multiplié par 7.

**20.** Il résulte de la définition de la multiplication qu'il suffirait pour multiplier un nombre par un autre de faire la somme d'autant de nombres égaux au premier qu'il y a d'unités dans le second. La longueur de ce procédé le rendrait la plupart du temps impraticable. Nous allons indiquer la règle plus expéditive que l'on suit pour faire une multiplication.

Nous examinerons successivement différents cas.

**21. Multiplication de deux nombres d'un seul chiffre.** — Dans ce cas, on fait simplement l'addition d'autant de nombres égaux au multiplicande qu'il y a d'unités dans le multiplicateur. Il est d'ailleurs essentiel de connaître par cœur les produits deux à deux des neuf premiers nombres. Ces produits sont renfermés dans le tableau suivant nommé *table de multiplication* ou de *Pythagore.*

| 1 | 2 | 3 | 4 | 5 | 6 | 7 | 8 | 9 |
|---|---|---|---|---|---|---|---|---|
| 2 | 4 | 6 | 8 | 10 | 12 | 14 | 16 | 18 |
| 3 | 6 | 9 | 12 | 15 | 18 | 21 | 24 | 27 |
| 4 | 8 | 12 | 16 | 20 | 24 | 28 | 32 | 36 |
| 5 | 10 | 15 | 20 | 25 | 30 | 35 | 40 | 45 |
| 6 | 12 | 18 | 24 | 30 | 36 | 42 | 48 | 54 |
| 7 | 14 | 21 | 28 | 35 | 42 | 49 | 56 | 63 |
| 8 | 16 | 24 | 32 | 40 | 48 | 56 | 64 | 72 |
| 9 | 18 | 27 | 36 | 45 | 54 | 63 | 72 | 81 |

Voici comment cette table est construite :

La première ligne horizontale contient les neuf premiers nombres ; la seconde est formée des résultats obtenus en ajoutant à eux-mêmes les nombres de la première. La troisième ligne contient les nombres obtenus en additionnant chacun des nombres de la seconde avec le nombre correspondant de la première. La quatrième ligne est formée des résultats de l'addition de chacun des nombres de la troisième avec le nombre correspondant de la première et ainsi de suite. Les lignes horizontales contiennent donc les produits des neuf premiers nombres par 1, 2, 3..... 9.

Pour se servir de la table, on lit le multiplicande sur la première ligne horizontale et le multiplicateur sur la première ligne verticale à gauche. On suit les lignes verticale et horizontale qui commencent par les deux facteurs, le nombre que l'on trouve à leur rencontre est le produit demandé, ce qui résulte immédiatement de la construction de la table.

**22. Multiplication d'un nombre de plusieurs chiffres par un nombre d'un seul chiffre.** — Soit à multiplier 6327 par 8. Il s'agit d'après la définition de répéter 8 fois le nombre 6327. Il résulte de la règle de l'addition que l'on obtiendra le produit en répétant 8 fois successivement les unités, dizaines, centaines, mille, du multiplicande et en additionnant les résultats obtenus.

On dira donc : 8 fois 7 unités font 56 unités ou 6 unités et 5 dizaines, 8 fois 2 dizaines font 16 dizaines qui augmentées des 5 dizaines provenant du produit précédent donnent 21 dizaines ou 1 dizaine et 2 centaines, 8 fois 3 centaines font 24 centaines et 2 centaines provenant du produit précédent font 26 centaines ou 6 centaines et 2 mille, enfin 8 fois 6 mille font 48 mille et 2 mille du produit précédent donnent 50 mille. Le produit est donc :

$$50616.$$

Ainsi, *pour multiplier un nombre de plusieurs chiffres par un nombre d'un seul chiffre, on multiplie, en allant de droite à gauche, les unités des divers ordres dont se compose le multiplicande par le multiplicateur, en ayant soin d'ajouter à chaque produit partiel les unités de même espèce provenant du produit partiel précédent.*

**23. Multiplication d'un nombre par l'unité suivie d'un ou plusieurs zéros.** — *Il suffit dans ce cas d'écrire à la droite du nombre autant de zéros* *qu'il y en a après l'unité.* De cette façon, en effet, chacun des chiffres du multiplicande se trouvant reculé de 1, 2, 3... rangs vers la gauche représente des unités 10, 100, 1000.... fois plus grandes. Le nombre tout entier est donc rendu lui-même 10, 100, 1000.... fois plus grand, c'est-à-dire est multiplié par 10, 100, 1000..... Ainsi le produit de 658 par 10 est égal à 6580 ; son produit par 100 est égal à 65800, etc.

**24. Multiplication d'un nombre par un chiffre autre que l'unité, suivi d'un ou plusieurs zéros.** — Soit à multiplier 372 par 400. Il faut pour obtenir le résultat répéter le multiplicande 400 fois. Supposons qu'on ait écrit 400 fois le nombre 372 et que l'on groupe tous ces nombres 4 par 4. On formera ainsi 100 groupes dont la somme sera le produit demandé. Or chaque groupe vaut $372 \times 4$, et la somme de tous les groupes vaut 100 fois l'un d'eux, donc on aura le produit en multipliant 372 par 4 et en écrivant deux zéros à la droite du résultat.

Ainsi, *pour multiplier un nombre par un chiffre suivi de zéros, il suffit de multiplier le nombre par ce chiffre et d'écrire à la droite du produit autant de zéros que le multiplicateur en contient.*

**25. Cas général de la multiplication.** — Soit à multiplier 372 par 428. D'après la définition il faut répéter 428 fois le nombre 372, ou ce qui revient au même le répéter 8 fois, puis 20 fois, puis 400 fois et ajouter les produits partiels.

Or on a vu comment on multiplie un nombre par des nombres tels que 8, 20 et 400. On n'aura donc qu'à appliquer les règles établies précédemment et qu'à additionner les résultats partiels.

On dispose l'opération comme il suit :

$$
\begin{array}{r}
372 \\
428 \\
\hline
2976 \\
744 \\
1488 \\
\hline
159216
\end{array}
$$

On évite de cette façon d'écrire des zéros à la droite des produits par 2 et 4, et de plus les produits partiels se trouvent placés convenablement pour qu'on puisse en faire la somme.

**26. Règle.** — De ce qui précède, résulte la règle suivante :

*Pour multiplier deux nombres l'un par l'autre, on écrit le multiplicateur sous le multiplicande et l'on multiplie ce dernier successivement par les chiffres du multiplicateur en allant de droite à gauche. On écrit les produits partiels au-dessous les uns des autres en plaçant le premier chiffre à droite de chacun d'eux de telle sorte qu'il exprime des unités de même espèce que le chiffre du multiplicateur qui lui a donné naissance : on additionne ensuite les produits partiels et l'on a le produit total.*

**27. Cas particulier.** — *Les deux facteurs sont terminés par des zéros.* Soit à multiplier 37000 par 1800. Il faut répéter 1800 fois le nombre 37000. On aura évidemment le résultat en répétant 1800 fois le nombre 37 et en faisant exprimer des mille au produit, c'est-à-dire en écrivant 3 zéros à sa droite. Mais pour multiplier 37 par 1800 on n'a qu'à le multiplier par 18 et qu'à écrire deux zéros à la droite du produit, ce qui résulte du raisonnement employé plus haut (24). En résumé donc on multipliera 37 par 18 et l'on écrira à la droite du résultat deux plus trois, en tout cinq zéros.

Donc *pour faire le produit de deux nombres terminés par des zéros, on supprime les zéros, puis ayant multiplié les nombres ainsi obtenus, on écrit à la droite du produit autant de zéros qu'on en a supprimé dans l'un et l'autre facteur.*

**28. Preuve de la multiplication.** — Pour faire cette preuve, on recommence l'opération après avoir interverti l'ordre des facteurs. On doit retrouver le même produit si l'opération a été faite exactement. Ceci résulte d'un principe que l'on démontrera ci-après (31).

**29. Nombre des chiffres d'un produit.** — *Le produit de deux facteurs a au plus autant de chiffres qu'il y en a dans les deux facteurs réunis, et au moins ce même nombre diminué de un.*

Supposons en effet que le multiplicande ayant 5 chiffres le multiplicateur en ait 3. Ce dernier est alors un nombre compris entre l'unité suivie de 2 zéros et l'unité suivie de 3 zéros. Le produit est donc un nombre compris entre le multiplicande suivi de 2 zéros et le multiplicande suivi de 3 zéros. Il a donc au plus 5 + 3 chiffres et au moins 5 + 3 — 1, ce qu'il fallait démontrer.

Ainsi le produit de 16872 par 822 est supérieur à 16872 × 100 ou 1687200, mais d'autre part il est inférieur à 16872 × 1000 ou 16872000 : il ne saurait donc avoir moins de 7 chiffres et plus de 8.

**30. Définitions.** — On nomme *produit de plusieurs facteurs* le résultat que l'on obtient en multipliant un nombre par un second, puis le produit par un troisième, puis le nouveau produit par un quatrième, etc.

$7 \times 8 \times 9 \times 11$ est l'indication d'un produit de plusieurs facteurs. Cette expression signifie qu'il faut multiplier 7 par 8 puis le produit obtenu par 9 et le nouveau résultat par 11.

On nomme *puissance* d'un nombre le produit de plusieurs facteurs égaux à ce nombre. Suivant qu'il y a 2, 3, 4... facteurs, le produit se nomme la seconde puissance, la troisième puissance, la quatrième puissance.... La seconde puissance porte encore le nom de *carré*, la troisième celui de *cube*. On indique d'une manière abrégée une puissance d'un nombre en écrivant à la droite de ce nombre et un peu en haut un nombre nommé *exposant* qui exprime le degré de la puissance, c'est-à-dire le nombre de facteurs égaux qu'elle renferme.

Ainsi $17^4$ veut dire la 4° puissance de 17 ou

$$17 \times 17 \times 17 \times 17.$$

REMARQUE. — Une puissance quelconque de 10 est égale à l'unité suivie d'autant de zéros qu'il y a d'unités dans le degré de la puissance. Ainsi $10^4 = 10 \times 10 \times 10 \times 10$ ou 10000.

THÉORÈMES RELATIFS A LA MULTIPLICATION.

**31.** **Théorème I**. *Le produit de plusieurs facteurs ne change pas dans quelque ordre que l'on effectue la multiplication.*

1° Supposons d'abord qu'il s'agisse de deux facteurs, 5 et 3 par exemple, on va prouver que

$$5 \times 3 = 3 \times 5.$$

Écrivons l'unité 5 fois sur une ligne horizontale et répétons cette ligne 3 fois, nous formerons le tableau suivant :

$$1 \quad 1 \quad 1 \quad 1 \quad 1$$
$$1 \quad 1 \quad 1 \quad 1 \quad 1$$
$$1 \quad 1 \quad 1 \quad 1 \quad 1$$

Les unités qu'il renferme étant additionnées par lignes horizontales, on trouve pour leur somme, 5 répété 3 fois ou $5 \times 3$.

Ces mêmes unités additionnées par lignes verticales donnent pour somme, 3 répété 5 fois ou $3 \times 5$.

Or la valeur de leur somme est évidemment indépendante de l'ordre qu'on a suivi pour les additionner, donc :

$$5 \times 3 = 3 \times 5.$$

Ce qu'il fallait démontrer.

2° Soit maintenant un produit de 3 facteurs $5 \times 3 \times 4$ : on va prouver qu'on peut intervertir l'ordre des deux derniers facteurs, c'est-à-dire que :

$$5 \times 3 \times 4 = 5 \times 4 \times 3.$$

Écrivons 5 trois fois sur une ligne horizontale et répétons cette ligne horizontale quatre fois, nous formerons le tableau suivant :

$$5 \quad 5 \quad 5$$
$$5 \quad 5 \quad 5$$
$$5 \quad 5 \quad 5$$
$$5 \quad 5 \quad 5$$

En additionnant par lignes horizontales, le résultat est $5 \times 3 \times 4$ ; et par lignes verticales : $5 \times 4 \times 3$. Donc comme dans l'un et l'autre cas sa valeur est la même, on a :

$$5 \times 3 \times 4 = 5 \times 4 \times 3$$

3º Nous allons maintenant démontrer que dans un produit d'un nombre quelconque de facteurs on peut intervertir l'ordre de deux facteurs consécutifs quelconques. Ainsi, par exemple :

$$12 \times 7 \times 5 \times 4 \times 3 = 12 \times 7 \times 4 \times 5 \times 3.$$

Il est clair que l'on peut considérer tous les facteurs qui précèdent 5 comme ne formant qu'un seul nombre égal à leur produit effectué. Si l'on indique ce produit au moyen d'une parenthèse, on a donc à prouver que :

$$(12 \times 7) \times 5 \times 4 \times 3 = (12 \times 7) \times 4 \times 5 \times 3. \quad (1)$$

Or d'après ce qui précède (2º), on sait que

$$(12 \times 7) \times 5 \times 4 = (12 \times 7) \times 4 \times 5.$$

Les produits obtenus en multipliant par 3 ces deux quantités égales sont donc égaux et l'égalité (1) est ainsi démontrée.

4º De ce qui précède, il résulte enfin qu'on peut sans altérer un produit de facteurs intervertir comme on veut l'ordre de ces facteurs ; car l'un quelconque d'entre eux peut être amené au moyen d'inversions successives à occuper dans le produit toutes les places possibles. Ainsi le produit $3 \times 4 \times 5 \times 6$ peut s'écrire successivement $3 \times 4 \times 6 \times 5$, $3 \times 6 \times 4 \times 5$, $6 \times 3 \times 4 \times 5$. Le facteur 6 peut donc occuper dans ce produit toutes les places possibles et il en est évidemment de même des autres facteurs.

**32. Théorème II**. — *Pour multiplier un nombre par un produit de plusieurs facteurs, on peut multiplier ce nombre par le premier facteur, puis le produit obtenu par le second facteur, et ainsi de suite.*

Soit à multiplier 27 par le produit 60 des facteurs 5, 4 et 3 ; on a d'après le théorème I :

$$27 \times 60 = 60 \times 27.$$

Mais $60 \times 27$ peut s'écrire $5 \times 4 \times 3 \times 27$ et ce dernier produit vaut lui-même $27 \times 5 \times 4 \times 3$, d'après le théorème I, donc

$$27 \times 60 = 27 \times 5 \times 4 \times 3,$$

ce qu'il fallait démontrer.

**33. Théorème III.** — *On peut dans un produit de facteurs remplacer deux ou plusieurs d'entre eux par leur produit effectué.*

Soit à effectuer le produit

$$7 \times 8 \times 5 \times 14 \times 12. \qquad (1)$$

Il est d'abord évident qu'on peut l'écrire

$$56 \times 5 \times 14 \times 12.$$

car l'indication des opérations à effectuer amène d'abord à multiplier $7$ par $8$.

Si maintenant il s'agit de facteurs autres que ceux qui occupent la première place dans le produit, comme on peut, en vertu du théorème 1, les amener au premier rang, le théorème sera également vrai pour eux.

Ainsi le produit (1) peut s'écrire :

$$5 \times 12 \times 7 \times 8 \times 14$$

et par suite

$$60 \times 7 \times 8 \times 14$$

ou enfin

$$7 \times 8 \times 60 \times 14.$$

Ce qui vient d'être fait pour deux facteurs est évidemment applicable à un plus grand nombre.

Corollaire (*). — *Pour multiplier un produit par un*

(*) On nomme corollaire une conséquence d'un théorème.

*nombre, il suffit de multiplier l'un quelconque de ses facteurs par ce nombre.*

Ainsi : $(7 \times 8 \times 25 \times 11) \times 4 = 7 \times 8 \times 100 \times 11.$

Remarque. — Lorsque l'on a à effectuer la multiplication de plusieurs facteurs et que le produit de certains d'entre eux est un nombre formé de l'unité suivie d'un ou plusieurs zéros, on abrége les opérations en effectuant d'abord ce produit, ce qui est permis d'après le théorème qui vient d'être démontré.

Ainsi ayant à effectuer le produit $217 \times 125 \times 11 \times 8$, on remarquera que $125 \times 8 = 1000$ ; il suffira donc de multiplier $217$ par $11$ et d'écrire trois zéros à la droite du résultat.

**34. Théorème IV**. — *Le produit de deux ou plusieurs puissances d'un même nombre est une puissance de ce nombre ayant pour exposant la somme des exposants des facteurs.*

Soit à multiplier $7^2$ par $7^3$, on a :

$$7^2 = 7 \times 7 \quad \text{et} \quad 7^3 = 7 \times 7 \times 7,$$

donc :

$$7^2 \times 7^3 = (7 \times 7) \times (7 \times 7 \times 7).$$

La première parenthèse peut être évidemment supprimée ; la seconde peut l'être également, en vertu du théorème II, donc

$$7^2 \times 7^3 = 7 \times 7 \times 7 \times 7 \times 7 = 7^5,$$

ce qu'il fallait démontrer.

## DIVISION.

**35. Définition.** — *La division est une opération qui a pour but de trouver combien de fois un nombre nommé diviseur est contenu dans un autre nombre nommé dividende.* Le résultat de l'opération se nomme *quotient.*

On indique la division au moyen du signe :. Ainsi 20 : 5 signifie 20 divisé par 5. On écrit encore $\dfrac{20}{5}$ pour indiquer la division de 20 par 5.

**36.** Il peut arriver que le diviseur soit contenu un nombre exact de fois dans le dividende. Dans ce cas on dit que la division se fait exactement et le dividende se trouve précisément égal au produit du diviseur par le quotient, ou ce qui revient au même, au produit du quotient par le diviseur. On peut alors donner de la division l'une des définitions suivantes :

*La division est une opération qui a pour but étant donné le produit de deux facteurs et l'un de ces facteurs de trouver l'autre.*

*La division est une opération qui a pour but de partager un nombre donné nommé dividende en autant de parties égales qu'il y a d'unités dans un autre nombre donné nommé diviseur.*

Lorsque le diviseur n'est pas contenu un nombre exact de fois dans le dividende, ce dernier surpasse le produit du diviseur par le quotient d'une certaine quantité moindre que le diviseur, que l'on nomme *reste.*

Il est clair que pour trouver le quotient de la division de deux nombres on pourrait retrancher le diviseur du dividende, puis encore du reste obtenu, puis encore du nouveau reste obtenu, et ainsi de suite jusqu'à ce qu'on soit arrivé à un reste nul ou moindre que le diviseur : le quotient serait égal au nombre de soustractions qu'on aurait pu faire. Ce procédé serait la plupart du temps impraticable à cause de sa longueur. Aussi emploie-t-on d'autres moyens que nous allons exposer.

Nous examinerons successivement différents cas.

**37. Division par un nombre d'un seul chiffre, le quotient ne devant renfermer lui-même qu'un seul chiffre.** — Soit à diviser 53 par 8. Si l'on écrit un zéro à la droite du diviseur, on obtient le nombre 80 qui est plus grand que 53 ; le diviseur est donc contenu moins de 10 fois dans le dividende, par suite le quotient n'a qu'un chiffre. Pour le déterminer on se sert de la table de Pythagore : on suit la colonne verticale qui commence par le chiffre 8 jusqu'à ce qu'on y rencontre le dividende, ou, s'il ne s'y trouve pas, le nombre qui s'en approche le plus par défaut : c'est ici 48. On suit la ligne horizontale qui contient ce nombre jusqu'à son origine 6 qui est le quotient demandé, comme il est facile de s'en assurer en se reportant à la construction de la table (21). Ainsi 53 contient 8, 6 fois et il reste 53 — 48 ou 5.

**38. Division par un nombre de plusieurs chiffres, lorsque le quotient ne doit renfermer qu'un chiffre.** — Soit 6347 à diviser par 824. On reconnaît que le quotient n'a qu'un seul chiffre en constatant que le nombre 8240 formé en écrivant un zéro à la droite du diviseur est plus grand que le dividende. Pour trouver le quotient on pourrait multiplier 824 par les nombres 1, 2, 3 . . . . . 9, et voir lequel de ces produits s'approche·

le plus par défaut de 6347. On évite ces opérations moyennant la remarque suivante :

Si l'on remplace le diviseur 824 par 800, le nouveau quotient ne pourra être que supérieur ou égal au quotient cherché ; or, pour diviser un nombre par des centaines, il suffit de diviser par le diviseur les centaines de ce nombre, car les dizaines et les unités ne sauraient contenir des centaines. Le quotient de 6347 par 800 est donc celui de 63 par 8, c'est-à-dire 7. Ce chiffre est par suite le quotient demandé ou un chiffre trop fort. Pour l'essayer on fait le produit de 824 par 7, et si ce produit (ce qui arrive ici) ne dépasse pas le dividende, 7 est bien le quotient demandé. Si le cas contraire s'était présenté, on aurait recommencé l'essai en prenant cette fois le chiffre 6.

Tout se réduit donc dans le cas actuel à diviser par le chiffre des plus hautes unités du diviseur, la partie du dividende qui exprime des unités de la même espèce, et à essayer le chiffre ainsi obtenu.

**39. Cas général de la division.** — Soit à diviser 684217 par 926.

D'après ce que nous avons dit précédemment (36), le dividende est le produit du diviseur par le quotient ou il est égal à ce produit augmenté d'une certaine quantité nommée reste, moindre que le diviseur.

Or ici le quotient renferme 3 chiffres, car le dividende est compris entre le produit du diviseur par 100 et son produit par 1000. Le dividende renferme donc les produits du diviseur par les différents chiffres du quotient. Le produit par le chiffre des centaines ne contient pas d'unités inférieures aux centaines : il est par suite renfermé dans les 6842 centaines du dividende. Si l'on divise ce nombre 6842 par 926, le quotient 7 représentera exactement les centaines du quotient. En effet le chiffre 7 ne saurait d'abord être trop faible puisque 6842 est égal ou supérieur au produit du diviseur par le chiffre des centaines du quotient, et d'autre part il n'est pas trop fort, car le produit de 926 par 7 pouvant se retrancher de 6842 le produit de 926 par 700 pourra se retrancher de 684200 et *a fortiori* du dividende 684217.

Ayant retranché de 684217 le produit de 926 par 7 centaines, il reste 36017 qui renferme les produits du diviseur par les dizaines et unités du quotient. Le produit par les dizaines est contenu dans les 3601 dizaines du nombre, et en divisant 3601 par 926, le quotient 3 sera exactement le chiffre des dizaines du quotient, ce qui se démontrerait comme on l'a fait pour le chiffre 7 des centaines. Multipliant 926 par 3 dizaines et retranchant le produit de 36017, il reste 8237. Ce nombre divisé par 926 donne 8 pour le chiffre des unités du quotient. 926 $\times$ 8 étant retranché de 8237, on a pour reste 829. Ainsi 684217 contient 738 fois le diviseur 926 et il reste 829.

**40. Règle.** — De ce qui précède il résulte la règle suivante :

*Pour diviser deux nombres l'un par l'autre, on écrit le diviseur à la droite du dividende en les séparant par un trait vertical. On prend ensuite sur la gauche du dividende assez de chiffres pour former un nombre capable de contenir le diviseur au moins une fois et moins de 10 fois : on a ainsi un premier dividende partiel. On le divise par le diviseur, ce qui donne le premier chiffre du quotient. On multiplie le diviseur par ce chiffre et l'on retranche le produit du premier dividende partiel : à la droite du reste on abaisse le chiffre du dividende total placé immédiatement à droite du premier dividende partiel. On a ainsi le second dividende partiel sur lequel on opère comme sur le premier et ainsi de suite, jusqu'à*

*ce qu'on ait épuisé tous les chiffres du dividende. Lors-*
*qu'un des dividendes partiels est inférieur au diviseur,*
*on écrit un zéro au quotient, on abaisse le chiffre qui suit*
*le dernier de ceux qu'on a déjà abaissés et l'on continue*
*l'opération.*

On dispose l'opération comme il suit :

$$
\begin{array}{r|l}
684217 & \,926 \\
3601 & \overline{738} \\
8237 & \\
829 & \\
\end{array}
$$

On se dispense d'écrire les produits du diviseur par les
chiffres du quotient en faisant la soustraction au fur et
à mesure que l'on obtient ces produits. Ainsi dans
l'exemple ci-dessus, on dit, après avoir obtenu le chiffre 7 :
7 fois 6 font 42, de 42 reste 0 ; 7 fois 2 font 14 et 4 de
retenue font 18, 18 de 24 reste 6 ; 7 fois 9 font 63 et
2 de retenue font 65, 65 de 68 reste 3. On fait de même
pour les chiffres 3 et 8 du quotient. Il est aisé de voir
que ce mode d'opérer la soustraction est basé sur ce
principe, que la différence de deux nombres ne change
pas lorsqu'on ajoute à chacun d'eux le même nombre.

REMARQUE I. — Dans le cours d'une division on reconnaît qu'un chiffre placé au quotient est trop fort
lorsque le produit du diviseur par ce chiffre ne peut se
retrancher du dividende partiel correspondant. — On
reconnaît qu'un chiffre est trop faible lorsque, ayant
retranché du dividende partiel correspondant le produit
du diviseur par ce chiffre, le reste est égal ou supérieur
au diviseur.

REMARQUE II. — Lorsque le diviseur ne contient qu'un
seul chiffre on n'écrit pas ordinairement les dividendes
successifs. Ainsi, soit à diviser 38914 par 9, on dira : le
neuvième de 38 est 4 et il reste 2 ; le neuvième de 29 est 3

pour 27 et il reste 2 ; le neuvième de 21 est 2 pour 18 et il reste 3 ; enfin le neuvième de 34 est 3 et il reste 7.

$$\begin{array}{r|l} 38914 & 9 \\ 7 & \overline{4323} \end{array}$$

**41. Cas particulier.** — *Le diviseur est terminé par des zéros.*

Soit le nombre 785217 à diviser par 36000. Il s'agit de chercher combien de fois le dividende contient 36 mille. Or des mille ne sauraient être contenus dans des unités d'ordre inférieur ; cherchons donc le quotient de 785 mille par 36 mille ; pour cela divisons 785 par 36 (*). Le quotient est 21 et le reste 29. Donc 785000 contiennent 36000, 21 fois avec un reste 29000 ; donc enfin 785217 contiennent 36000, 21 fois avec un reste égal à 29217.

On supprimera donc dans ce cas les zéros qui terminent le diviseur et un même nombre de chiffres à droite du dividende. On divisera les deux nombres ainsi obtenus : le quotient de cette division sera celui de la division des nombres proposés et le reste de cette dernière sera égal à celui de la division opérée, suivi des chiffres qu'on a supprimés dans le dividende.

**42. Preuve de la division.** — La preuve de la division se fait en multipliant le diviseur par le quotient. Le produit augmenté du reste doit donner pour résultat le dividende.

THÉORÈMES RELATIFS A LA DIVISION.

**43. Théorème I.** — *Lorsqu'on multiplie le dividende et le diviseur par un même nombre, le quotient ne*

---

(*) Ce raisonnement a déjà été employé (38).

*change pas et le reste est multiplié par ce même nombre.*

Soit à diviser 46 par 7 ; le quotient est 6 et le reste 4, donc :

$$46 = 7 \times 6 + 4. \qquad (1)$$

Multipliant ces deux quantités égales par 9, les produits seront égaux. Or pour multiplier une somme par un nombre, il suffit de multiplier par ce nombre les deux parties de la somme, et d'ajouter les résultats, et d'autre part pour multiplier un produit par un nombre, il suffit de multiplier l'un des facteurs par ce nombre (33. Corollaire) ; on aura donc, en indiquant au moyen de parenthèses les produits que l'on suppose effectués :

$$(46 \times 9) = (7 \times 9) \times 6 + (4 \times 9). \qquad (2)$$

Il résulte de cette égalité qu'en divisant $(46 \times 9)$ par $(7 \times 9)$ on aura pour quotient 6 et pour reste $(4 \times 9)$, car 4 étant moindre que le premier diviseur 7, $4 \times 9$ est moindre que $7 \times 9$, c'est-à-dire que le nouveau diviseur. Le théorème est donc démontré.

Remarque. — En passant de l'égalité (2) à l'égalité (1), on voit que si l'on divise le dividende et le diviseur par un même nombre, le quotient ne change pas et le reste est divisé par le même nombre.

**44. Théorème II**. — *Pour diviser un produit par l'un de ses facteurs, il suffit de supprimer ce facteur.*

Soit à diviser le produit $5 \times 7 \times 11$ par 7 : ce produit peut s'écrire $(5 \times 11) \times 7$ (33), donc le quotient de sa division par 7 est égal à $5 \times 11$.

Corollaire. — *Pour diviser un produit de facteurs par un nombre, il suffit de diviser l'un des facteurs par ce nombre, pourvu que la division puisse se faire exactement.*

Soit à diviser par 7 le produit

$$13 \times 28 \times 17.$$

Comme 28 est exactement divisible par 7 et donne pour quotient 4, on a $28 = 7 \times 4$, donc on a

$$13 \times 28 \times 17 = 13 \times 7 \times 4 \times 17$$

et par suite le quotient de la division par 7 de ce produit est égal à

$$13 \times 4 \times 17.$$

**45. Théorème III.** — *Pour diviser un nombre par un produit de facteurs, il suffit de le diviser par le premier facteur, puis le quotient obtenu par le second facteur, et ainsi de suite, jusqu'à ce qu'on ait employé tous les facteurs.*

Soit à diviser 360 par le produit 30 des facteurs 2, 3 et 5. Si l'on divise 360 par 2, le quotient est 180, donc

$$360 = 2 \times 180$$

180 divisé par 3 donne pour quotient 60, donc

$$180 = 3 \times 60$$

enfin 60 divisé par 5 donne 12 pour quotient, donc

$$60 = 5 \times 12.$$

Remplaçant dans la seconde égalité 60 par la valeur $5 \times 12$ et dans la première 180 par la valeur ainsi obtenue, on a

$$360 = 2 \times 3 \times 5 \times 12$$

ou

$$360 = 30 \times 12.$$

Il résulte de cette dernière égalité qu'en divisant 360 par 30 on aura pour quotient 12, c'est-à-dire le même quotient que celui obtenu en faisant les divisions successives.

**46. Théorème IV**. — *Le quotient de deux puissances d'un même nombre est égal ce à nombre affecté d'un exposant égal à la différence des exposants du dividende et du diviseur.*

Soit $12^5$ à diviser par $12^3$. Le diviseur est le produit de 3 facteurs égaux à 12, donc on peut diviser $12^5$ successivement par chacun de ces 3 facteurs (45). Mais $12^5$ est lui-même le produit de 5 facteurs égaux à 12, donc chaque division fera disparaître un de ces facteurs (44). Par suite, le quotient sera égal au produit de 5 — 3 facteurs égaux à 12, c'est-à-dire à $12^{5-3}$ ou $12^2$.

# CHAPITRE II.

DIVISIBILITÉ. — NOMBRES PREMIERS. — PLUS GRAND COMMUN DIVISEUR. — PLUS PETIT COMMUN MULTIPLE.

## DIVISIBILITÉ.

**47. Définitions.** — Lorsqu'une division se fait exactement on dit que le dividende est divisible par le diviseur ou que celui-ci divise le dividende. On nomme en général *diviseur*, *facteur* ou *sous-multiple* d'un nombre un autre nombre qui divise le premier. Ainsi 5 est diviseur de 20.

On nomme *multiple* d'un nombre le produit de ce nombre par un nombre quelconque. Ainsi 20 étant le produit de 5 par 4 est un multiple de 4. — Tout multiple d'un nombre est donc divisible par ce nombre et tout nombre divisible par un autre nombre est un multiple de cet autre nombre.

**48. Théorème I.** — *Tout diviseur de plusieurs nombres est diviseur de leur somme.*

En effet, les parties de la somme renfermant chacune un nombre exact de fois le diviseur, la somme elle-même le renferme un nombre exact de fois.

Ainsi les nombres 18, 30, 42 divisibles par 6 contiennent 6 un nombre exact de fois; le premier 3 fois, le second 5 fois et le troisième 7 fois. Il en résulte que leur somme 90 contient 6 un nombre exact de fois égal à 3 + 5 + 7 ou 15 : cette somme est donc divisible par 6.

La réciproque est fausse, c'est-à-dire qu'un nombre diviseur d'une somme n'en divise pas nécessairement les parties. Ainsi le nombre 5 qui divise la somme 20 des deux nombres 7 et 13 ne divise ni l'un ni l'autre de ces nombres.

COROLLAIRE. — *Tout diviseur d'un nombre divise les multiples de ce nombre*, car un multiple d'un nombre n'est autre que la somme de plusieurs nombres égaux à ce nombre.

**49. Théorème II**. — *Tout diviseur de deux nombres est diviseur de leur différence.*

En effet les deux nombres renfermant chacun un nombre exact de fois le diviseur, la différence le contient elle-même un nombre exact de fois.

Ainsi les nombres 42 et 18, divisibles l'un et l'autre par 6, contiennent ce nombre exactement 7 fois et 3 fois. Leur différence 24 contient donc 6 un nombre exact de fois égal à 7 — 3 ou 4. Cette différence est donc divisible par 6.

La réciproque est fausse, c'est-à-dire qu'un nombre qui divise la différence de deux autres nombres ne divise pas nécessairement ceux-ci. Ainsi le nombre 7 divise la différence 14 des deux nombres 32 et 18 et il ne divise aucun de ces deux nombres.

COROLLAIRE. — *Tout nombre qui divise une somme de deux parties, et l'une de ces parties, divise l'autre :* celle-ci n'est autre en effet que la différence entre la somme et la première partie. Ainsi le nombre 7 divise la somme 42 des deux nombres 28 et 14, et de plus il divise 28, donc il divisera aussi 14 qui n'est autre que la différence entre 42 et 28.

**50. Théorème III.** — *Lorsqu'un nombre est la somme de deux parties dont l'une admet un certain diviseur, le reste de la division de l'autre partie par ce diviseur est le même que le reste de la division du nombre tout entier par ce même diviseur.*

Soit le nombre $3587 = 3570 + 17$. La première partie $3570$ est divisible par 5, c'est-à-dire se compose d'un nombre exact de fois 5. D'un autre côté, la seconde partie $17$ divisée par 5 donne pour reste 2, c'est-à-dire vaut un certain nombre de fois 5 plus 2. Donc le nombre $3587$ vaut un certain nombre de fois 5 plus le même reste 2, ce qu'il fallait démontrer.

REMARQUE. — On peut encore énoncer le théorème de la façon suivante : *le reste d'une division ne change pas lorsqu'on retranche du dividende un multiple du diviseur.*

**51. Divisibilité par 2 ou par 5.** — *Le reste de la division d'un nombre par 2 ou par 5 est le même que le reste de la division du chiffre de ses unités par 2 ou par 5.*

En effet, tout nombre plus grand que 10 peut être regardé comme la somme de deux parties, l'une comprenant les unités des différents ordres jusqu'aux dizaines et l'autre formée par le chiffre des unités. La première partie ne renfermant pas d'unités inférieures aux dizaines est un multiple de 10 : elle est donc divisible par 2 et par 5 qui sont diviseurs de 10. Le reste de la division de tout le nombre par 2 ou 5 sera donc le même que le reste de la division par 2 ou 5 de la seconde partie, c'est-à-dire du chiffre de ses unités (50).

Il résulte de là qu'*un nombre est divisible par 2 ou par 5 lorsque le chiffre de ses unités est lui-même divisible par 2 ou par 5 ou encore est un zéro.*

Les nombres divisibles par 2 se nomment *nombres pairs* et les autres *nombres impairs*.

**52. Divisibilité par 4 ou par 25.** — *Le reste de la division d'un nombre par 4 ou par 25 est le même que le reste de la division par 4 ou par 25 du nombre formé par ses deux derniers chiffres à droite.*

En effet, tout nombre supérieur à 100 peut être regardé comme la somme de deux parties, l'une comprenant les unités des différents ordres jusqu'aux centaines, l'autre formée par les dizaines et les unités. La première partie étant un multiple de 100 est divisible par 4 et par 25 qui sont diviseurs de 100 ; donc le reste de la division du nombre tout entier par 4 ou par 25 sera le même que le reste de la division par 4 ou par 25 de la seconde partie, c'est-à-dire du nombre formé par les dizaines et les unités (50).

Il résulte de là qu'*un nombre est divisible par 4 ou par 25 lorsque le nombre formé par ses deux derniers chiffres à droite est lui-même divisible par 4 ou par 25 ou encore lorsque ces deux derniers chiffres sont des zéros.*

**53. Divisibilité par 9 ou par 3.** — Toute puissance de 10, c'est-à-dire tout nombre formé par l'unité suivie de zéros, est un multiple de 9 augmenté d'une unité, car si on divise un tel nombre par 9, on trouve constamment l'unité pour reste de la division. Par suite un chiffre quelconque suivi de zéros est un multiple de 9 augmenté de ce chiffre. Ainsi $700 =$ mult. de $9 + 7$ : en effet $700 = 100 \times 7$, or $100 =$ mult. de $9 + 1$, donc

$$700 = (\text{mult. de } 9 + 1) \times 7$$

ou

$$700 = \text{mult. de } 9 + 7.$$

Ceci posé, considérons un nombre quelconque 64524,

ce nombre est égal à 60000 + 4000 + 500 + 20 + 4. Or

$$60000 = \text{mult. de } 9 + 6$$
$$4000 = \text{mult. de } 9 + 4$$
$$500 = \text{mult. de } 9 + 5$$
$$20 = \text{mult. de } 9 + 2$$
$$4 = \ldots \ldots \ldots 4$$

Donc :

$$64524 = \text{mult. de } 9 + (6 + 4 + 5 + 2 + 4).$$

Un nombre quelconque peut donc être considéré comme la somme de deux parties dont la première est un multiple de 9 et la seconde est la somme des chiffres du nombre. — *Le reste de la division d'un nombre par* 9 *sera donc le même que le reste de la division par* 9 *de la somme de ses chiffres.*

Ainsi le reste de la division du nombre 64524 par 9 est égal à 3, reste de la division par 9 de la somme 21 de ses chiffres.

Il résulte de là qu'*un nombre est divisible par* 9 *lorsque la somme de ses chiffres est divisible par* 9. Ainsi le nombre 7281 est divisible par 9 attendu que la somme 18 de ses chiffres est divisible par 9.

Le nombre 3 étant diviseur de 9, on voit par ce qui précède que tout nombre peut être considéré comme étant égal à un multiple de 3 plus la somme de ses chiffres. Donc *le reste de la division d'un nombre par* 3 *est le même que le reste de la division par* 3 *de la somme de ses chiffres ; par suite si cette somme est divisible par* 3 *le nombre le sera lui-même.*

**54. Divisibilité par 11.** — Si l'on divise par 11 un nombre formé par l'unité suivie de 1, 2, 3, 4... zéros, on trouve alternativement pour restes : 10, 1, 10, 1... Il résulte de là que 1° l'unité suivie d'un nombre impair de zéros, c'est-à-dire une puissance impaire de 10, est un multiple de 11 augmenté de 10 unités, ou ce qui revient au même, est un multiple de 11 diminué d'une unité; 2° l'unité suivie d'un nombre pair de zéros, c'est-à-dire une puissance paire de 10, est un multiple de 11 augmenté d'une unité.

On déduit de ce qui précède qu'un nombre formé d'un chiffre quelconque suivi d'un nombre impair de zéros est un multiple de 11 moins ce chiffre, et qu'un chiffre suivi d'un nombre pair de zéros est un mult. de 11 plus ce chiffre.

En effet, par exemple,

$$7000 = 1000 \times 7 = (\text{mult. de } 11 - 1) \times 7 = \text{mult. de } 11 - 7$$

et

$$700 = 100 \times 7 = (\text{mult. de } 11 + 1) \times 7 = \text{mult. de } 11 + 7.$$

Ceci posé, considérons un nombre quelconque 642857. On a :

$$642857 = 600000 + 40000 + 2000 + 600 + 50 + 7.$$

Or :

$$600000 = \text{mult. de } 11 - 6$$
$$40000 = \text{mult. de } 11 + 4$$
$$2000 = \text{mult. de } 11 - 2$$
$$800 = \text{mult. de } 11 + 8$$
$$50 = \text{mult. de } 11 - 5$$
$$7 = \cdots\cdots\cdots 7.$$

Donc :

$$642857 = \text{mult. de } 11 - 6 + 4 - 2 + 8 - 5 + 7,$$

ce qui peut s'écrire :

$$642857 = \text{mult. de } 11 + [(7 + 8 + 4) - (5 + 2 + 6)].$$

Tout nombre peut donc être considéré comme la somme de deux parties dont la première est un multiple de 11, et la seconde est égale à l'excès de la somme des chiffres de rang impair du nombre, sur la somme des chiffres de rang pair, ces chiffres étant comptés à partir de la droite. *Le reste de la division d'un nombre par* 11 *est donc le même que le reste de la division par* 11 *de l'excès de la somme de ses chiffres de rang impair à partir de la droite sur la somme de ses chiffres de rang pair.*

Ainsi le reste de la division par 11 du nombre 642857 est égal à 6.

Il résulte de là qu'*un nombre est divisible par* 11 *lorsque l'excès de la somme de ses chiffres de rang impair à partir de la droite sur la somme de ses chiffres de rang pair est zéro ou divisible par* 11.

Ainsi les nombres 76285, 55209 sont l'un et l'autre divisibles par 11.

REMARQUE. — Il peut arriver que la somme à retrancher l'emporte sur celle dont on doit la retrancher ; il faut alors ajouter à cette dernière le plus petit multiple de 11 nécessaire pour rendre la soustraction possible. — On fait ensuite l'opération, et le reste que l'on obtient est égal à celui du nombre tout entier divisé par 11. Ainsi le reste de la division par 11 du nombre 658374 est égal à 2.

En effet :

$$658374 = \text{mult. de } 11 + 12 - 21,$$
$$= \text{mult. de } 11 + (11 + 12) - 21,$$
$$= \text{mult. de } 11 + 2.$$

PREUVES PAR 9.

**55. Addition.** — Soient A, B, C des nombres quelconques et supposons que l'on ait :

$$A = \text{mult. de } 9 + r$$
$$B = \text{mult. de } 9 + r'$$
$$C = \text{mult. de } 9 + r''.$$

$r$, $r'$, $r''$ représentant les restes de la division par 9 de chacun des nombres A, B, C.

Il viendra en faisant l'addition :

$$A + B + C = \text{mult. de } 9 + (r + r' + r'').$$

Donc le reste de la division par 9 de la somme de plusieurs nombres est égal au reste de la division par 9 de la somme des restes que l'on obtient en divisant chacun de ces nombres par 9.

De là résulte que *pour faire la preuve par 9 d'une addition, on cherche le reste de la division par 9 de chacun des nombres que l'on a additionnés ; on ajoute les restes obtenus et l'on cherche le reste de la division par 9 de la somme ainsi trouvée. Ce dernier reste doit être égal à celui de la division par 9 du résultat à vérifier, si ce résultat a été obtenu exactement.*

EXEMPLE.. — *Faire la preuve par 9 de l'addition suivante :*

$$3256$$
$$1728$$
$$2249$$
$$\overline{7233}$$

Le reste de la division par 9 est 7 pour le premier nombre, o pour le second et 8 pour le troisième. Donc la somme 7253 divisée par 9 doit donner pour reste le reste de la division par 9 de 7 + o + 8, c'est-à-dire 6, ce qui arrive en effet. Le résultat de l'addition est donc exact.

**56. Soustraction.** — On a vu (17) que dans une

soustraction qui s'est faite exactement, le plus grand
nombre est la somme du plus petit et du reste. On appli-
quera donc à ces trois nombres le procédé qui vient
d'être indiqué pour faire la preuve de l'addition.

EXEMPLE. — *Faire la preuve par 9 de la soustraction
suivante :*

$$\begin{array}{r} 8257 \\ 3792 \\ \hline 4465 \end{array}$$

Le reste de la division par 9 est 3 pour le nombre 3792
et 1 pour le nombre 4465, donc il doit être 3 + 1 ou 4
pour le nombre 8257, ce qui a lieu en effet. La soustraction est par suite exacte.

**57. Multiplication.** — Soient A et B deux nombres ;
supposons que l'on ait :

$$A = \text{mult. de } 9 + r$$
$$B = \text{mult. de } 9 + r'.$$

$r$ et $r'$ représentant les restes de la division de A et B
par 9.

Multipliant membre à membre il viendra

$$A \times B = \text{mult. de } 9 + (r \times r').$$

Donc le reste de la division par 9 du produit de deux
nombres est égal au reste de la division par 9 du produit des restes que l'on obtient en divisant chacun de
ces nombres par 9.

Il suit de là que *pour faire la preuve par 9 d'une multiplication, on cherche le reste de la division par 9 du
multiplicande et aussi du multiplicateur. On multiplie
ensuite l'un par l'autre les deux restes obtenus et l'on
cherche le reste de la division du résultat par 9. Enfin*

*l'on cherche le reste de la division par 9 du produit que l'on veut vérifier, et si ce produit est exact, on doit trouver le même nombre que le précédent reste.*

EXEMPLE. — *Faire la preuve par 9 de la multiplication suivante :*

$$
\begin{array}{r}
5856 \\
295 \\
\hline
11568 \\
54704 \\
7712 \\
\hline
1129808
\end{array}
$$

Le reste de la division par 9 est 4 pour le multiplicande et 5 pour le multiplicateur. Le produit de ces deux restes est égal au nombre 20, qui, divisé lui-même par 9, donne pour reste 2. Donc le reste de la division par 9 du produit 1129808 doit être égal à 2, ce qui arrive en effet. Par suite le produit est exact.

**58. Division.** — Dans toute division, le dividende est égal au produit du diviseur par le quotient, ce produit étant augmenté du reste. On pourra donc faire la preuve par 9 de la division comme celle de la multiplication en regardant le dividende diminué au préalable du reste comme un produit de deux facteurs qui sont le diviseur et le quotient.

EXEMPLE. — *Faire la preuve par 9 de la division suivante :*

$$
\begin{array}{ll}
27417 & \quad 25 \\
241 & \mid \overline{\ 1096} \\
167 & \\
17 &
\end{array}
$$

Le dividende diminué du reste vaut 27400, nombre qui doit être le produit de 25 par 1096 si la division est exacte. Or le diviseur 25 divisé par 9 donne pour reste 7; et le quotient divisé par 9 donne pour reste également 7. Le produit 49 de ces deux restes divisé par 9 donne pour reste 4 qui est précisément le reste de la division par 9 du nombre 27400. La division est donc exacte.

**59. Remarque.**—Il est essentiel de remarquer que si la preuve par 9 d'une opération a réussi, on ne saurait en conclure absolument que l'opération est exacte, car si cette opération est entachée d'une erreur égale à un multiple de 9, la preuve ne saurait indiquer une telle erreur. En effet, le reste de la division d'un nombre par 9 ou par tout autre diviseur ne change pas lorsque l'on ajoute au nombre ou qu'on en retranche un multiple du diviseur.

### NOTIONS SUR LES NOMBRES PREMIERS.

**60. Définitions.** — On nomme *nombre premier* un nombre qui n'a pas d'autres diviseurs que lui-même et l'unité. Ainsi chacun des nombres 7, 13, 29, 79... est un nombre premier.

Deux ou plusieurs nombres sont dits *premiers entre eux*, lorsque leur seul diviseur commun est l'unité. Ainsi les nombres 8 et 15 sont premiers entre eux ; de même les nombres 8, 15, 27 sont premiers entre eux.

On voit par ces exemples que des nombres peuvent être premiers entre eux sans que chacun d'eux soit nécessairement un nombre premier. On voit aussi que s'il s'agit de trois nombres premiers entre eux, ils ne sont pas nécessairement premiers entre eux deux à deux et ainsi de suite.

**61. Théorème I.** — *Tout nombre premier qui ne divise pas un autre nombre est premier avec lui.*

En effet, un nombre premier n'a d'autres diviseurs
que lui-même et l'unité ; si donc il ne divise pas un autre
nombre, l'unité est le seul diviseur commun qui pourra
exister entre lui et ce nombre.

Ainsi le nombre premier 7 qui ne divise pas 20 est
premier avec lui.

**62. Théorème II.** — *Tout nombre qui n'est pas premier admet au moins un diviseur premier.*

Soit N un nombre non premier : il admet alors
d'autres diviseurs que lui-même et l'unité. Soit $a$ le plus
petit de ses diviseurs autres que 1 ; $a$ est premier, car
s'il en était autrement il admettrait un diviseur plus
petit que lui, lequel diviserait N. Ce dernier nombre
aurait donc un diviseur plus petit que $a$, ce qui est contre
l'hypothèse.

**63. Formation d'une table de nombres premiers.**
— Pour former une table de nombres premiers, on écrit
la suite naturelle des nombres jusqu'à celui que l'on
s'est fixé pour limite ; puis à partir de 2 exclusivement
on barre tous les nombres que l'on rencontre de deux en
deux : on supprime ainsi les multiples de 2. A partir de
3 exclusivement, on barre tous les nombres de 3 en 3 :
on supprime ainsi les multiples de 3. A partir de 5 exclusivement, on barre tous les nombres de 5 en 5, et ainsi
de suite. Il faut remarquer qu'arrivé à un nombre quelconque, 7 par exemple, parmi les nombres que l'on doit
barrer de 7 en 7, il s'en trouve quelques-uns déjà barrés
comme multiples de nombres inférieurs à 7. Le premier
multiple de 7 non barré est donc $7 \times 7$ ou 49. En général, on doit donc commencer à barrer à partir du carré
du nombre auquel on est parvenu. Lorsque ce carré est
plus grand que le nombre que l'on a pris pour limite,

l'opération est terminée, et les nombres qui restent nou barrés sont premiers.

Cette méthode se nomme le *crible d'Eratosthène.*

**64. Moyen de reconnaître si un nombre est premier.** — Lorsqu'on n'a pas à sa disposition une table de nombres premiers et que l'on veut reconnaître si un nombre est premier, il suffit d'essayer la division de ce nombre successivement par les nombres premiers 2, 3, 5, 7.... Si aucune des divisions ne réussit et qu'on soit amené à essayer un diviseur amenant un quotient qui lui est égal ou inférieur, le nombre est premier.

Supposons qu'il s'agisse de reconnaître si le nombre 157 est premier. Les divisions par 2, 3, 5, 7, 11 étant essayées, on reconnaît qu'aucune ne réussit et que les quotients sont tous supérieurs aux diviseurs correspondants. La division par 13 ne réussit pas davantage, mais le quotient est 12, nombre inférieur au diviseur 13. On peut en déduire que 157 est premier.

En effet, ce nombre n'est d'abord divisible par aucun nombre premier ou non premier inférieur à 13 : la division a été essayée pour les nombres premiers moindres que 13; quant aux autres, le nombre 157 ne saurait être divisible par l'un d'eux, car alors il devrait être divisible par un diviseur premier de ce nombre, c'est-à-dire par l'un des nombres essayés, ce qui n'a pas lieu. D'autre part, si 157 admettait un diviseur supérieur à 13, le quotient de la division serait aussi un diviseur de 157. Mais ce quotient serait un nombre moindre que 13 puisque la division par 13 donne déjà un quotient moindre que 13. 157 admettrait donc un diviseur moindre que 13, ce qui a été reconnu impossible. En résumé donc 157 est premier.

**65. Théorème.** — *Tout nombre qui n'est pas premier est un produit de facteurs premiers.*

Soit un nombre N non premier, il admet alors un diviseur premier (62) ; soit $a$ ce diviseur et $q$ le quotient de N par $a$ ; on aura $N = a \times q$. Si $q$ est un nombre premier, le théorème est démontré ; si $q$ n'est pas premier, il admet un diviseur premier $b$ et l'on a, $q'$ étant le quotient de $q$ par $b$, $q = b \times q'$, d'où $N = a \times b \times q'$. Si donc $q'$ est un nombre premier, le théorème est démontré ; si $q'$ n'est pas premier, il admet un diviseur premier $c$ et l'on a en nommant $q''$ le quotient de $q'$ par $c$, $q' = c \times q''$. De là résulte que $N = a \times b \times c \times q''$ de telle sorte que si $q''$ est un nombre premier, le théorème est démontré. Si $q''$ n'est pas premier, il admet un diviseur premier et ainsi de suite comme précédemment. Or les nombres $q, q', q'' \ldots$ vont en diminuant, on arrivera donc nécessairement à trouver pour l'un d'eux un nombre premier. Par suite le théorème est démontré.

**66. Décomposition d'un nombre en ses facteurs premiers.** — On entend par décomposer un nombre en ses facteurs premiers, déterminer les nombres premiers dont le produit est égal à ce nombre. — Nous admettrons sans démonstration qu'un nombre n'est décomposable qu'en un seul système de facteurs premiers, c'est-à-dire que si deux produits de facteurs premiers représentent le même nombre, ces deux produits renferment les mêmes facteurs et chacun de ces facteurs le même nombre de fois.

**Règle.** *Pour décomposer un nombre en ses facteurs premiers, on essaie la division de ce nombre par les nombres premiers successifs 2, 3, 5... Lorsque la division par l'un de ces nombres a pu se faire exactement, on* *divise encore le quotient obtenu par le même nombre si cela est possible, ou par l'un des nombres premiers suivants capable de le diviser. On continue ainsi jusqu'à ce qu'on arrive à un quotient premier.*

Soit par exemple à décomposer 360 en ses facteurs premiers.

360 est divisible par 2 et donne pour quotient 180, donc

$$360 = 2 \times 180 \; ;$$

180 est divisible par 2 et donne pour quotient 90, donc

$$180 = 2 \times 90 \; ;$$

90 est encore divisible par 2, le quotient est 45, donc

$$90 = 2 \times 45 \; ;$$

45 est divisible par 3 et l'on a pour quotient 15, donc

$$45 = 3 \times 15 \; ;$$

15 est encore divisible par 3, le quotient est le nombre premier 5, donc

$$15 = 3 \times 5.$$

On déduit des égalités ci-dessus :

$$360 = 2 \times 2 \times 2 \times 3 \times 3 \times 5 \quad \text{ou} = 2^3 \times 3^2 \times 5.$$

On dispose habituellement l'opération comme il suit :

$$
\begin{array}{c|c}
360 & 2 \\
180 & 2 \\
90 & 2 \\
45 & 3 \\
15 & 3 \\
5 & 5 \\
1 &
\end{array}
\qquad 360 = 2^3 \times 3^2 \times 5.
$$

3.

ARITHMÉTIQUE.

**67. Théorème.** — *Pour qu'un nombre soit exacte-*
*ment divisible par un autre nombre, il faut et il suffit*
*qu'il contienne tous les facteurs premiers de cet autre*
*nombre avec des exposants au moins égaux à ceux qu'ils*
*ont dans ce dernier.*

1° *La condition est nécessaire.* Car si un nombre A est
divisible par un autre nombre B, A est égal au produit
de B par un certain quotient Q. Il contient par suite
tous les facteurs premiers de B et en outre ceux du
quotient.

2° *La condition est suffisante.* Soit en effet un nombre A
contenant tous les facteurs premiers d'un autre nombre B,
avec des exposants au moins égaux. On pourra alors décomposer A en un produit de deux facteurs, l'un formé
des facteurs de B avec leurs exposants, c'est-à-dire égal à B,
l'autre formé des facteurs restant. En appelant Q ce dernier, on aura A = B × Q ; donc A est divisible par B.

Ainsi si $A = 2^5 \times 3^2 \times 5^3 \times 7$   et   $B = 2 \times 3^2 \times 5$,
on écrira

$$A = (2 \times 3^2 \times 5) \times (2^4 \times 5^2 \times 7),$$

ou            $$A = B \times (2^4 \times 5^2 \times 7).$$

Donc A divisé par B donnera pour quotient exact :

$$(2^4 \times 5^2 \times 7).$$


PLUS GRAND COMMUN DIVISEUR. — PLUS PETIT COMMUN
MULTIPLE.


**68. Définition.** — On nomme *plus grand commun*
*diviseur* de deux ou plusieurs nombres le plus grand
nombre qui divise à la fois tous ces nombres.

**69. Recherche du plus grand commun diviseur de deux ou plusieurs nombres.** — *Pour obtenir le plus grand commun diviseur de deux ou plusieurs nombres décomposés en leurs facteurs premiers, on forme le produit de tous les facteurs premiers communs à tous ces nombres, chacun d'eux étant affecté du plus petit exposant qu'il possède. Ce produit est le plus grand commun diviseur demandé.*

Ainsi soit à chercher le plus grand commun diviseur des nombres 360, 144, 378.

On a
$$360 = 2^3 \times 3^2 \times 5,$$
$$144 = 2^4 \times 3^2,$$
$$378 = 2 \times 3^3 \times 7.$$

Le plus grand commun diviseur de ces trois nombres est

$$2 \times 3^2 \quad \text{ou} \quad 18.$$

En effet, ce produit $2 \times 3^2$ est diviseur de chacun des nombres proposés puisque chacun de ceux-ci renferme les facteurs 2 et 3 avec des exposants au moins égaux. De plus $2 \times 3^2$ est le plus grand des diviseurs communs aux trois nombres, car tout nombre renfermant un facteur de plus cesserait d'être diviseur au moins d'un des nombres proposés (67).

**70. Définition.** — On nomme *plus petit commun multiple* de plusieurs nombres le nombre le plus petit divisible par chacun de ces nombres.

**71. Recherche du plus petit commun multiple.** — *Pour déterminer le plus petit commun multiple de plusieurs nombres, on les décompose en leurs facteurs premiers, puis on fait le produit de tous les facteurs* *premiers qu'ils renferment, chacun de ces facteurs étant affecté de son plus fort exposant. Ce produit est le plus petit commun multiple demandé.*

Ainsi soit à chercher le plus petit commun multiple des trois nombres 360, 144 et 378. On a :

$$360 = 2^3 \times 3^2 \times 5,$$
$$144 = 2^4 \times 3^2,$$
$$378 = 2 \times 3^3 \times 7.$$

Le plus petit commun multiple de ces 3 nombres est :

$$2^4 \times 3^3 \times 5 \times 7.$$

En effet ce nombre est d'abord divisible par 360, 144, 378, d'après le théorème (67), de plus c'est le plus petit nombre qui remplisse ces conditions, car si on lui enlevait un seul facteur, il cesserait d'être divisible au moins par un des nombres proposés.

# CHAPITRE III.

## FRACTIONS.

**72. Définitions.** — On nomme *grandeur* tout ce qui peut être augmenté ou diminué.

Une unité est une grandeur arbitraire qui sert à mesurer les grandeurs de la même espèce. Mesurer une grandeur, c'est chercher combien de fois elle renferme l'unité de même espèce qu'elle. Le résultat de la mesure est un *nombre*.

Si l'unité est contenue exactement dans la grandeur, le nombre est dit *entier*. Ce sont les *nombres entiers* que nous avons définis en disant qu'un nombre est la réunion de plusieurs unités de la même espèce, et ce sont les seuls dont nous nous soyions occupés jusqu'ici.

Or il peut arriver que l'unité ne soit pas contenue exactement une ou plusieurs fois dans une grandeur, mais qu'en divisant cette unité en un certain nombre de parties égales, l'une de ces parties soit contenue exactement une ou plusieurs fois dans la grandeur : le nombre qui mesure cette grandeur porte alors le nom de *nombre fractionnaire* ou *fraction*.

On peut donc définir une fraction, une ou plusieurs parties égales de l'unité.

## FRACTIONS ORDINAIRES.

**73. Représentation des fractions.** — Une fraction se représente au moyen de deux nombres, l'un nommé *dénominateur* indique en combien de parties égales l'unité a été divisée ; l'autre nommé *numérateur* exprime combien la fraction contient de ces parties. Le numérateur et le dénominateur sont dits *les termes* de la fraction.

On écrit le numérateur au-dessus du dénominateur en les séparant par un trait horizontal. Ainsi $\frac{5}{8}$ représente une fraction ayant 5 pour numérateur et 8 pour dénominateur.

On énonce une fraction en nommant d'abord le numérateur puis le dénominateur dont on fait suivre le nom de la terminaison *ième*. Ainsi la fraction $\frac{5}{8}$ s'énonce *cinq huitièmes*. On fait exception pour les fractions ayant pour dénominateur 2, 3 ou 4 ; dans ce cas les parties de l'unité se nomment *demis, tiers* et *quarts*. Ainsi les fractions $\frac{1}{2}$, $\frac{2}{3}$, $\frac{5}{4}$, s'énoncent *un demi, deux tiers, trois quarts*.

**74. Remarques.** — Une fraction peut être regardée comme le quotient de la division de son numérateur par son dénominateur. En effet, pour diviser 5 par 8 par exemple, il faut prendre la huitième partie de 5 : or, on arrivera évidemment à ce résultat en prenant la huitième partie de chacune des unités qui composent le nombre 5, ce qui donne pour résultat 5 fois $\frac{1}{8}$ d'unité, ou la fraction $\frac{5}{8}$.

Cette remarque permet de compléter le quotient d'une division qui présente un reste. Ainsi, soit à diviser $37$ par $8$. Le quotient est $4$ et le reste est $5$ : le nombre $5$ divisé par $8$ donnant $\dfrac{5}{8}$, le quotient complet de la division est $4 + \dfrac{5}{8}$, c'est-à-dire que $37$ contient $8$ parties égales chacune à $4 + \dfrac{5}{8}$.

Désormais nous appellerons *partie entière du quotient* d'une division qui présente un reste, le plus grand nombre de fois que le diviseur est contenu dans le dividende, et simplement *quotient*, le quotient complet, c'est-à-dire le nombre formé par la partie entière augmentée d'une fraction ayant pour numérateur le reste et pour dénominateur le diviseur.

L'unité peut être mise sous la forme d'une fraction ayant ses termes égaux. De même un nombre entier quelconque peut être mis sous la forme d'une fraction ayant pour numérateur le produit de son dénominateur par le nombre entier. Ainsi $4 = \dfrac{28}{7}$ ; de même $4 + \dfrac{3}{7} = \dfrac{31}{7}$.

Réciproquement pour extraire les entiers contenus dans une fraction, on n'a qu'à faire la division du numérateur par le dénominateur. Ainsi : $\dfrac{65}{7} = 9 + \dfrac{2}{7}$.

Dans ce qui va suivre, nous donnerons le nom de *fraction proprement dite* à toute fraction moindre que $1$, c'est-à-dire ayant son dénominateur plus grand que son numérateur.

**75. Théorème I.** — *Lorsque l'on rend le numérateur d'une fraction un certain nombre de fois plus grand ou*

*plus petit, la fraction devient le même nombre de fois
plus grande ou plus petite.*

En effet, le dénominateur restant le même, les parties
d'unité dont est formée la fraction conservent la même
valeur : si donc le nombre de ces parties devient 2, 3,
4... fois plus grand ou plus petit, la fraction prend une
valeur 2, 3, 4... fois plus grande ou plus petite.

**76. Théorème II.** — *Lorsque l'on rend le dénominateur d'une fraction un certain nombre de fois plus grand
ou plus petit, la fraction devient le même nombre de
fois plus petite ou plus grande.*

En effet, le numérateur restant le même, la fraction
contient toujours le même nombre de parties, seulement
ces parties deviennent 2, 3, 4... fois plus petites ou plus
grandes suivant que leur nombre devient 2, 3, 4 .. fois
plus grand ou plus petit. Donc la valeur de la fraction
devient elle-même 2, 3, 4... fois plus petite ou plus
grande.

Corollaire. — On déduit des deux théorèmes qui précèdent le principe suivant :

*Une fraction ne change pas de valeur lorsque l'on
rend à la fois ses deux termes le même nombre de fois
plus grands ou plus petits,* autrement dit, lorsque l'on
multiplie ou divise ses deux termes par le même nombre.

**77. Définition.** — On nomme *fraction irréductible*
toute fraction qui ne peut être exprimée en termes plus
simples.

**78. Théorème I.** — *Les termes d'une fraction irréductible sont premiers entre eux.*

En effet, s'il en était autrement, on pourrait diviser
les deux termes par leur plus grand commun diviseur

qui serait alors autre que 1, et l'on obtiendrait ainsi une fraction équivalente exprimée au moyen de termes plus simples, ce qui est contre l'hypothèse.

Nous admettrons *sans démonstration* (*) que *toute fraction égale à une fraction dont les termes sont premiers entre eux a ses termes équimultiples des termes de celle-ci, c'est-à-dire a ses termes respectivement égaux aux produits des termes de la première fraction par un même nombre.*

La conséquence de ce principe est que *toute fraction dont les termes sont premiers entre eux est irréductible.*

**79. Réduction d'une fraction à sa plus simple expression.** — Réduire une fraction à sa plus simple expression, c'est chercher la fraction irréductible qui lui est égale.

*Pour réduire une fraction à sa plus simple expression, on divise successivement ses deux termes par les diviseurs communs qui s'y rencontrent en continuant jusqu'à ce qu'on arrive à deux nombres premiers entre eux : alors l'opération est terminée puisqu'une fraction dont les termes sont premiers entre eux est irréductible.*

EXEMPLE. — Réduire à sa plus simple expression la fraction $\dfrac{210}{675}$.

On reconnaît aisément que les nombres 210 et 675 sont divisibles par 3 et par 5 : on a donc successivement

$$\frac{210}{675} = \frac{70}{225} = \frac{14}{45}.$$

Les nombres 14 et 45 étant premiers entre eux, $\dfrac{14}{45}$

---

(*) Programme officiel.

représente la fraction proposée réduite à sa plus simple  expression.

On peut encore procéder comme il suit :

On décompose 210 et 675 chacun en ses facteurs premiers et l'on a ainsi

$$210 = 2 \times 3 \times 5 \times 7 \quad \text{et} \quad 675 = 3^3 \times 5^2.$$

Donc

$$\frac{210}{675} = \frac{2 \times 3 \times 5 \times 7}{3^3 \times 5^2}.$$

Supprimant les facteurs communs aux deux termes, on a

$$\frac{210}{675} = \frac{2 \times 7}{3^2 \times 5} = \frac{14}{45}.$$

**80. Réduction des fractions au même dénominateur.** — Réduire deux ou plusieurs fractions au même dénominateur, c'est les remplacer par d'autres équivalentes ayant toutes le même dénominateur.

Pour cela *il suffit de multiplier les deux termes de chacune d'elles par le produit des dénominateurs de toutes les autres.* On obtient ainsi des fractions équivalentes aux premières et dont le dénominateur est le même, puisqu'il est le produit des dénominateurs de toutes les fractions.

Exemple. — Réduire au même dénominateur les fractions

$$\frac{2}{5} \quad \frac{4}{5} \quad \frac{5}{6} \quad \frac{2}{7};$$

on multiplie les deux termes de la fraction $\frac{2}{5}$ par le produit 210 des dénominateurs des autres fractions, ce qui donne $\frac{420}{630}$ ; on multiplie de même les deux termes

de la fraction $\frac{4}{5}$ par le produit 126 des dénominateurs

des autres fractions, et l'on opère de la même façon pour

$\frac{5}{6}$ et $\frac{2}{7}$. On a ainsi les fractions

$$\frac{420}{630} \quad \frac{504}{630} \quad \frac{525}{630} \quad \frac{180}{630},$$

respectivement égales aux proposées et ayant même dénominateur.

**81. Réduction des fractions au plus petit dénominateur commun.** — Il importe, lorsque l'on a à réduire des fractions au même dénominateur, de choisir le dénominateur le plus petit possible. Soient donc

$$\frac{3}{4} \quad \frac{7}{12} \quad \frac{11}{20},$$

des fractions que l'on veut réduire au plus petit dénominateur commun.

Ayant constaté que les fractions proposées sont toutes irréductibles (si certaines d'entre elles ne l'étaient pas, on devrait commencer par les réduire chacune à sa plus simple expression), on remarquera qu'en vertu d'un principe admis précédemment (78), toute fraction équivalente à $\frac{3}{4}$ doit avoir pour dénominateur un multiple de 4 ; de même les fractions respectivement équivalentes à $\frac{7}{12}$ et à $\frac{11}{20}$ doivent avoir pour dénominateur, la première un multiple de 12 et la seconde un multiple de 20. Donc puisque le dénominateur des fractions par lesquelles on

veut remplacer les proposées doit être le même nombre,
ce dénominateur sera nécessairement un commun multiple de 4, 12 et 20.

Par suite, le plus petit nombre que l'on puisse prendre
pour dénominateur commun n'est autre que le plus petit
commun multiple des dénominateurs des fractions proposées.

Ce plus petit commun multiple est ici 60. Si l'on
divise 60 successivement par les dénominateurs 4, 12 et
20 et que l'on multiplie ensuite les deux termes de
chaque fraction par le quotient qui lui correspond, on
aura pour les fractions demandées :

$$\frac{45}{60} \quad \frac{55}{60} \quad \frac{55}{60}.$$

On voit donc que *pour réduire des fractions au plus
petit dénominateur commun, il faut d'abord, s'il y a lieu,
les réduire à leur plus simple expression. On cherche
ensuite le plus petit commun multiple des dénominateurs, on le divise par le dénominateur de chacune des
fractions et l'on multiplie les deux termes de chaque
fraction par le quotient correspondant.*

**82. Théorème.** — *Lorsqu'on ajoute un même nombre
aux deux termes d'une fraction, cette fraction augmente
si elle est plus petite que l'unité; elle diminue dans le
cas contraire.*

1° Soit la fraction $\frac{4}{9}$; en ajoutant le nombre 3 aux
deux termes, on obtient la fraction $\frac{7}{12}$. Or la fraction $\frac{4}{9}$
diffère de l'unité de $\frac{5}{9}$, tandis que la fraction $\frac{7}{12}$ en
diffère de $\frac{5}{12}$, quantité moindre que $\frac{5}{9}$. La fraction $\frac{7}{12}$

est donc plus grande que $\dfrac{4}{9}$.

2° Soit la fraction $\dfrac{11}{8}$ ; en ajoutant le nombre 3 aux deux termes, on obtient $\dfrac{14}{11}$. Or la fraction $\dfrac{11}{8}$ surpasse l'unité de $\dfrac{3}{8}$, tandis que $\dfrac{14}{11}$ surpasse l'unité de $\dfrac{3}{11}$, quantité moindre que $\dfrac{3}{8}$. La fraction $\dfrac{14}{11}$ est donc moindre que $\dfrac{11}{8}$.

REMARQUE. On démontrerait par un raisonnement semblable que *lorsqu'on retranche un même nombre des deux termes d'une fraction, cette fraction diminue si elle est plus petite que l'unité et augmente dans le cas contraire.*

### OPÉRATIONS SUR LES FRACTIONS ORDINAIRES.

### Addition.

**83. Règle**. — *Lorsque les fractions à additionner ont le même dénominateur, il suffit d'ajouter leurs numérateurs et de donner à la somme pour dénominateur le dénominateur commun. Le résultat ainsi obtenu est la somme demandée.*

*Lorsque les fractions proposées n'ont pas le même dénominateur, on commence par les réduire au même dénominateur et l'on opère ensuite comme il vient d'être dit.*

Ainsi

$$\frac{3}{4} + \frac{7}{12} + \frac{11}{20} = \frac{45}{60} + \frac{35}{60} + \frac{33}{60} = \frac{113}{60}.$$

Si des entiers sont joints aux fractions, on ajoute d'abord les fractions entre elles, puis les entiers et l'on augmente s'il y a lieu cette dernière somme des entiers qui pourraient être contenus dans la somme des fractions.
Ainsi

$$\left(3 + \frac{3}{4}\right) + \left(2 + \frac{7}{12}\right) + \left(10 + \frac{11}{20}\right) = 15 + \frac{115}{60} = 16 + \frac{53}{60}.$$

### Soustraction.

**84. Règle.** — *Lorsque les fractions ont le même dénominateur, on opère la soustraction sur les numérateurs et l'on donne au résultat pour dénominateur celui des fractions. On a ainsi la différence demandée. — Si les fractions ont des dénominateurs différents, on les réduit d'abord au même dénominateur, puis l'on opère comme il vient d'être dit.*
Ainsi

$$\frac{7}{8} - \frac{5}{12} = \frac{21}{24} - \frac{10}{24} = \frac{11}{24}.$$

Lorsque des entiers sont joints aux fractions, on opère séparément sur les entiers et sur les fractions lorsque cela est possible et l'on rapproche les résultats. Mais lorsque la fraction qui accompagne le plus grand nombre entier est plus petite que l'autre fraction, on ajoute à son numérateur un nombre égal à son dénominateur, ce qui revient à l'augmenter d'une unité, et en même temps on ajoute une unité à la partie entière du nombre à retrancher. De cette façon la soustraction devient possible et le résultat n'est pas altéré.

Ainsi soit à retrancher $5 + \frac{11}{12}$ de $8 + \frac{5}{7}$.

Les fractions réduites au même dénominateur valent $\dfrac{77}{84}$ et $\dfrac{60}{84}$.

On prend au lieu de cette dernière $\dfrac{144}{84}$ et l'on fait la soustraction suivante :

$$\left(8 + \frac{144}{84}\right) - \left(4 + \frac{77}{84}\right) = 4 + \frac{67}{84}.$$

### Multiplication.

**85. Définition.** — *Multiplier un nombre quelconque par un nombre entier, c'est, comme on l'a vu, faire la somme d'autant de nombres égaux au multiplicande qu'il y a d'unités dans le multiplicateur.* Cette définition n'est pas applicable lorsque le multiplicateur est fractionnaire : on dit dans ce cas que *multiplier un nombre quelconque par une fraction, c'est partager ce nombre en autant de parties égales que l'indique le dénominateur de la fraction et prendre un nombre de ces parties marqué par le numérateur.*

**86. Multiplication d'une fraction par un nombre entier.** — Soit à multiplier $\dfrac{5}{7}$ par 4. Par définition, il faut faire la somme de 4 nombres égaux à $\dfrac{5}{7}$, ce qui donne immédiatement pour résultat : $\dfrac{5 \times 4}{7}$ ou $\dfrac{20}{7}$.

Donc *pour multiplier une fraction par un nombre entier, on multiplie le numérateur de la fraction par l'entier et l'on donne au produit pour dénominateur celui de la fraction.*

**87. Multiplication d'un nombre entier par une fraction.** — Soit $4$ à multiplier par $\frac{5}{7}$. Par définition, il faut prendre la septième partie de $4$ et la répéter 5 fois, c'est-à-dire, prendre les $\frac{5}{7}$ de $4$. Or le septième de $4$ est $\frac{4}{7}$, et les $\frac{5}{7}$ valent $\frac{4 \times 5}{7}$ ou $\frac{20}{7}$. Le produit de $4$ par $\frac{5}{7}$ est donc $\frac{20}{7}$.

Ainsi *pour multiplier un nombre entier par une fraction, on multiplie l'entier par le numérateur et l'on donne au produit pour dénominateur celui de la fraction.*

Remarque. — On peut intervertir l'ordre de deux facteurs dont l'un est une fraction. En effet $\frac{5}{7} \times 4 = \frac{5 \times 4}{7}$, $4 \times \frac{5}{7} = \frac{4 \times 5}{7}$ et l'on sait que $5 \times 4 = 4 \times 5$, donc

$$\frac{5}{7} \times 4 = 4 \times \frac{5}{7}.$$

**88. Multiplication d'une fraction par une fraction.** — Soit $\frac{11}{12}$ à multiplier par $\frac{7}{8}$. Par définition, il faut prendre la huitième partie de $\frac{11}{12}$ et la répéter 7 fois, c'est-à-dire, prendre les $\frac{7}{8}$ de $\frac{11}{12}$. Or le huitième de $\frac{11}{12}$ est $\frac{11}{12 \times 8}$ et les $\frac{7}{8}$ valent $\frac{11 \times 7}{12 \times 8}$ ou $\frac{77}{96}$. Donc $\frac{11}{12} \times \frac{7}{8} = \frac{77}{96}$.

Ainsi *pour multiplier une fraction par une fraction, on multiplie les numérateurs entre eux et aussi les dénominateurs entre eux. Le premier produit est le numérateur du résultat, et le second produit en est le dénominateur.*

REMARQUE I. — Le produit de $\frac{7}{8}$ par $\frac{11}{12}$ est $\frac{7 \times 11}{8 \times 12}$.

Cette valeur étant égale à $\frac{11 \times 7}{12 \times 8}$ qui représente le produit de $\frac{11}{12}$ par $\frac{7}{8}$, on voit qu'on peut intervertir l'ordre de deux facteurs fractionnaires sans changer leur produit.

REMARQUE II. — Le produit $\frac{77}{96}$ est moindre que $\frac{11}{12}$ puisqu'il en est les $\frac{7}{8}$ ; il est aussi moindre que $\frac{7}{8}$ car on peut dire qu'il en est les $\frac{11}{12}$ d'après la remarque I. Donc le produit de deux fractions proprement dites est moindre que chacune d'elles. — Les puissances successives d'une fraction proprement dite vont par suite en décroissant.

**89. Cas où des entiers accompagnent les fractions.** — Il suffit dans ce cas de multiplier séparément les parties du multiplicande par chacune de celles du multiplicateur et d'ajouter les produits partiels.

Il vaut mieux opérer comme dans le cas précédent (88) après avoir mis les facteurs sous forme fractionnaire.

Ainsi

$$\left(2 + \frac{3}{7}\right) \times \left(5 + \frac{5}{6}\right) = \frac{17}{7} \times \frac{23}{6} = \frac{17 \times 23}{7 \times 6}.$$

**90. Fractions de fractions.** — Soit proposé de prendre les $\frac{3}{4}$ des $\frac{6}{7}$ des $\frac{5}{8}$ de $\frac{10}{11}$.

On prend d'abord les $\frac{5}{8}$ de $\frac{10}{11}$, ce qui donne $\frac{10 \times 5}{11 \times 8}$;

puis les $\frac{6}{7}$ du résultat, ce qui donne $\frac{10 \times 5 \times 6}{11 \times 8 \times 7}$;

puis les $\frac{3}{4}$ du nouveau résultat qui valent $\frac{10 \times 5 \times 6 \times 3}{11 \times 8 \times 7 \times 4}$.

Le nombre demandé est donc égal au produit des numérateurs des fractions divisé par le produit de leurs dénominateurs. Ce n'est autre que le produit des facteurs fractionnaires $\frac{10}{11}$, $\frac{5}{8}$, $\frac{6}{7}$ et $\frac{3}{4}$.

REMARQUE. — Il est aisé de déduire du résultat précédent que dans un produit de plusieurs facteurs fractionnaires, on peut intervertir l'ordre des facteurs.

### Division.

**91. Définition.** — *La division a pour but de trouver un nombre nommé quotient qui multiplié par le diviseur reproduise le dividende.*

**92. Division d'une fraction par un nombre entier.** — Soit à diviser $\frac{5}{7}$ par 4. Par définition, le quotient multiplié par 4 doit donner pour résultat $\frac{5}{7}$; donc $\frac{5}{7}$ vaut 4 fois le quotient; celui-ci est donc 4 fois plus petit que $\frac{5}{7}$, par suite il vaut $\frac{5}{7 \times 4}$ ou $\frac{5}{28}$.

*On n'a donc pour diviser une fraction par un nombre*

entier qu'à multiplier le dénominateur de la fraction par l'entier. On peut encore, si le numérateur est divisible par l'entier, le diviser par cet entier et donner au résultat pour dénominateur celui de la fraction.

Ainsi $\dfrac{8}{11} : 4 = \dfrac{2}{11}$ .

**93. Division d'un nombre entier par une fraction.** — Soit à diviser 4 par $\dfrac{5}{7}$ . Le quotient multiplié par $\dfrac{5}{7}$ doit reproduire 4, donc 4 est les $\dfrac{5}{7}$ du quotient. Par suite $\dfrac{1}{7}$ du quotient vaut $\dfrac{4}{5}$ et le quotient lui-même vaut $\dfrac{4 \times 7}{5}$ ou $\dfrac{28}{5}$ .

Ce résultat étant celui de la multiplication de 4 par $\dfrac{7}{5}$ on voit que *pour diviser un nombre entier par une fraction, on multiplie le dividende par la fraction diviseur renversée.*

**94. Division d'une fraction par une fraction.** — Soit $\dfrac{3}{8}$ à diviser par $\dfrac{7}{9}$ . Le raisonnement est le même que pour le cas précédent et l'on trouve pour quotient $\dfrac{3 \times 9}{8 \times 7}$ .

*On divise donc une fraction par une fraction en multipliant la fraction dividende par la fraction diviseur renversée.*

REMARQUE. — Dans cet exemple et le précédent, le dividende est une partie du quotient : ce dernier est par conséquent plus grand que le dividende.

Ceci a lieu toutes les fois que le diviseur est une fraction proprement dite.

**95. Cas où des entiers accompagnent les fractions.** — Il faut mettre le dividende et le diviseur sous forme fractionnaire et opérer comme dans le cas de la division de deux fractions.

Ainsi :

$$\left(3 + \frac{2}{7}\right) : \left(4 + \frac{1}{5}\right) = \frac{23}{7} : \frac{21}{5} = \frac{23 \times 5}{7 \times 21}.$$

### FRACTIONS DÉCIMALES.

**96. Définition.** — On nomme *fractions décimales* des fractions dont le dénominateur est 10 ou une puissance de 10.

**97. Représentation des fractions décimales.** — On est convenu dans la numération des nombres entiers que tout chiffre écrit à la gauche d'un autre exprimerait des unités d'un ordre immédiatement supérieur à l'ordre des unités représentées par cet autre chiffre. Cette convention va permettre d'écrire les fractions décimales comme les nombres entiers. En effet, si à la droite du chiffre des unités d'un nombre on écrit un chiffre, il représentera en vertu de la convention, des unités dix fois plus petites que les unités simples, c'est-à-dire des dixièmes; si à la droite du chiffre des dixièmes on en écrit un autre, il représentera des unités dix fois moindres ou des centièmes, etc. Seulement, afin de distinguer les unités simples des dixièmes, on placera à leur droite une virgule, et dans le cas où les entiers font défaut, on les remplacera par un zéro à la droite duquel on mettra une virgule.

Ainsi deux unités, trois dixièmes, cinq centièmes, sept millièmes, s'écrivent : 2,357.

De même trois dixièmes, huit centièmes, s'écrivent : 0,38.

Ces nombres s'appellent *nombres décimaux*. La partie placée à droite de la virgule est la *partie décimale* : les chiffres qui la composent sont dits *chiffres décimaux*.

Si l'on remarque que un dixième vaut 10 centièmes ou encore 100 millièmes, car un centième vaut 10 millièmes, les nombres cités plus haut pourront s'énoncer : le premier, *deux unités, trois cent cinquante-sept millièmes* et le second, *trente-huit centièmes*.

Le premier peut encore s'énoncer : *deux mille trois cent cinquante-sept millièmes*, car une unité vaut mille millièmes.

On peut donc pour énoncer un nombre décimal lire d'abord la partie entière s'il y en a une, puis la partie décimale comme si elle était un nombre entier, mais en ajoutant le nom de ses unités les plus faibles. On peut encore lire tout le nombre abstraction faite de la virgule comme s'il était entier, en ajoutant le nom des unités décimales les plus faibles, c'est-à-dire des unités représentées par le dernier chiffre à droite.

REMARQUE. — Pour écrire un nombre décimal sous forme de fraction ordinaire, il suffit de prendre pour numérateur le nombre abstraction faite de la virgule et pour dénominateur l'unité suivie d'autant de zéros qu'il y a de chiffres décimaux dans le nombre.

Ainsi 42,517 peut s'écrire $\dfrac{42517}{1000}$.

De même 0,5678 peut s'écrire $\dfrac{5678}{10000}$.

**98. Multiplication d'un nombre décimal par une puissance de 10**. — Pour multiplier un nombre décimal par 10, 100, 1000..... on n'a qu'à reporter la virgule vers la droite d'autant de rangs qu'il y a de zéros après l'unité dans le multiplicateur, car on donne ainsi une valeur 10, 100, 1000..... fois plus forte à chacun des chiffres que comprend le nombre.

Ainsi $3,217 \times 100 = 521,7$.

S'il n'y a pas assez de chiffres pour placer convenablement la virgule, on y supplée au moyen de zéros.

Ainsi $5,217 \times 100000 = 521700$.

**99. Division d'un nombre décimal par une puissance de 10**. — Pour diviser un nombre décimal par 10, 100, 1000..... on n'a qu'à reporter la virgule vers la gauche d'autant de rangs qu'il y a de zéros après l'unité dans le diviseur ; de cette façon en effet chacun des chiffres du nombre prend une valeur 10, 100, 1000..... fois moindre.

Ainsi $452,57 : 100 = 4,5257$.

S'il n'y a pas assez de chiffres pour placer la virgule comme il faut, on y supplée au moyen de zéros.

Ainsi $52,57 : 10000 = 0,005257$.

**100.** Lorsqu'on écrit on supprime des zéros à la droite d'un nombre décimal, la valeur de ce nombre reste la même, car la position de ses chiffres par rapport à la virgule et par suite leur valeur ne se trouve pas changée.

OPÉRATIONS SUR LES NOMBRES DÉCIMAUX.

Addition et soustraction.

**101. Règle.** — *L'addition et la soustraction se font comme pour les nombres entiers. Les chiffres qui expri-*

ment des unités de la même espèce doivent être placés exactement les uns sous les autres, les virgules dans une même colonne sous laquelle on place la virgule dans le résultat. — Celui-ci doit renfermer autant de chiffres décimaux que celui des nombres à additionner ou à soustraire qui en a le plus.

Lorsque dans la soustraction le plus grand nombre a moins de chiffres décimaux que l'autre, on y supplée en écrivant à sa droite un nombre suffisant de zéros.

Ainsi soit à retrancher 3,1416 du nombre 7,31 : on écrira ce dernier 7,3100 et l'on aura pour reste 4,1684.

### Multiplication.

**102. Règle.** — Soit à multiplier 13,742 par 0,17. Les facteurs peuvent s'écrire :

$$\frac{13742}{1000} \quad \text{et} \quad \frac{17}{100}.$$

D'après la règle de la multiplication des fractions ordinaires (88), leur produit est $\dfrac{13742 \times 17}{1000 \times 100}$ ou $\dfrac{13742 \times 17}{100000}$.

On l'obtiendra donc en séparant 5 chiffres décimaux sur la droite du produit de 13742 par 17.

De là cette règle : *Pour multiplier des nombres décimaux, on opère sur ces nombres, abstraction faite de la virgule, comme sur des nombres entiers, et l'on sépare au résultat autant de chiffres décimaux qu'il y en a dans les facteurs réunis.*

REMARQUE. — Si le produit ne renferme pas assez de chiffres pour que l'on puisse séparer le nombre de chiffres décimaux voulu, on y supplée au moyen de zéros. Ainsi : 0,0004 × 0,03 = 0,000012.

## Division.

**103. Premier cas.** — *Le diviseur est un nombre entier.* Soit 8,127 à diviser par 19. Le dividende peut s'écrire $\dfrac{8127}{1000}$, donc le quotient sera $\dfrac{8127}{1000 \times 19}$ d'après la règle de la division d'une fraction par un nombre entier (92).

Or, on a vu (45) que pour diviser un nombre par un produit de facteurs, on peut le diviser successivement par les facteurs du produit. On obtiendra donc le résultat en divisant 8127 par 19 puis le quotient par 1000.

En divisant 8127 par 19 on a pour quotient 427 et pour reste 14, donc le quotient demandé est 0,427 plus $\dfrac{14}{19}$ de millième ou $\dfrac{14}{19000}$.

Ainsi *pour diviser un nombre décimal par un nombre entier, on fait la division comme si le dividende était entier et l'on sépare à la partie entière du quotient autant de chiffres décimaux qu'il y en a dans le dividende. On complète si l'on veut ce quotient au moyen du reste comme il est indiqué dans l'exemple précédent.*

**104. Deuxième cas.** — *Le diviseur est décimal.* Soit 8,126 à diviser par 15,14. On a :

$$8,126 : 15,14 = 8,126 : \frac{1514}{100} = \frac{8,126 \times 100}{1514} = 812,6 : 1514,$$

ce qui ramène au cas précédent.

De là cette règle : *Pour diviser un nombre par un nombre décimal, on multiplie le dividende et le diviseur par la plus petite puissance de* 10 *capable de rendre le diviseur entier. On se trouve alors ramené à la division d'un nombre entier ou décimal par un nombre entier.*

REMARQUE. — Si l'on a besoin du reste, il importe de ne pas oublier qu'il se trouve multiplié par la puissance de 10 par laquelle on a multiplié le dividende et le diviseur.

**105. Évaluation du quotient de deux nombres à moins de 0,1, 0,01, 0,001.** — Dans l'un des exemples qui précèdent, celui de la division de 8,127 par 19, nous avons trouvé pour quotient $0{,}427 + \dfrac{14}{19}$ de millième. Si nous négligeons la fraction de millième, 0,427 sera la valeur du quotient *à moins de* 0,001 ; ce qui signifie que le plus grand nombre de millièmes contenus dans le quotient est 427. Supposons maintenant qu'ayant écrit un zéro à la droite du dividende qui devient ainsi 8,1270, on continue la division, le quotient sera $0{,}4277 + \dfrac{7}{19}$ de dix-millième ; sa valeur à *moins de* 0,0001 sera donc 0,4277 (*). On l'aurait à moins de un cent-millième en continuant la division après avoir écrit un nouveau zéro à la droite du dividende et ainsi de suite.

On voit par là que *pour obtenir le quotient de la division de deux nombres à moins de* 0,1, 0,01, 0,001... *il suffit de poursuivre l'opération en écrivant des zéros à la droite du dividende jusqu'à ce qu'on ait obtenu au*

(*) Nous ferons remarquer que 0,4277 est la valeur du quotient à *moins de un demi dix-millième,* car la fraction $\dfrac{7}{19}$ est moindre que $\dfrac{1}{2}$. En général lorsque le dernier reste est inférieur à la moitié du diviseur, le quotient est obtenu à moins de $\dfrac{1}{2}$ unité de l'ordre de son dernier chiffre.

*quotient un chiffre qui exprime des unités de l'ordre indiqué par l'approximation.*

**106. Évaluation d'une fraction ordinaire en décimales.** — Comme une fraction ainsi, qu'on l'a vu (74), représente le quotient de la division de son numérateur par son dénominateur, l'évaluation d'une fraction ordinaire en décimales, c'est-à-dire sa conversion en décimales, n'est autre chose que la recherche du quotient de deux nombres à moins de 0,1, 0,01.... près. Soit donc à convertir en fraction décimale la fraction $\frac{5}{8}$. 5 divisé par 8 donne 0 pour quotient et 5 pour reste. Or 5 unités valent 50 dixièmes, dont le quotient par 8 est 6 dixièmes avec un reste égal à 6 dixièmes. Ces 6 dixièmes valent 60 centièmes dont le quotient par 8 est 7 centièmes avec un reste de 4 centièmes. Ce reste vaut 40 millièmes dont le quotient par 8 est exactement 5 millièmes. La fraction $\frac{5}{8}$ vaut donc exactement 0,375.

Soit encore à évaluer en décimales la fraction $\frac{5}{11}$. Le quotient de 5 par 11 est zéro et le reste 5. Ce reste vaut 50 dixièmes donc le quotient par 11 est 4 dixièmes et le reste 6 dixièmes; ce reste vaut 60 centièmes dont le quotient par 11 est 5 centièmes et le reste 5 centièmes. On retrouve donc ici un reste 5 et par suite un dividende 50, de sorte que si l'on continue l'opération, on aura pour chiffres du quotient et cela indéfiniment, 4 et 5. Ainsi $\frac{5}{11} = 0,454545...$ et l'opération ne se termine pas comme dans le cas précédent. Il est donc impossible d'évaluer exactement la fraction $\frac{5}{11}$ en décimales ; on aura sa valeur à 0,1, 0,01, 0,001... près suivant qu'on s'arrêtera après le 1er, le 2e, le 3e.... chiffre décimal.

On voit par ce qui précède que *pour évaluer une fraction ordinaire en décimales, on divise le numérateur par le dénominateur et l'on a ainsi la partie entière du résultat, laquelle est zéro lorsque la fraction est moindre que l'unité. On écrit un zéro à la droite du reste ; on divise le nombre ainsi obtenu par le diviseur et l'on a le chiffre des dixièmes ; on écrit un zéro à la droite du nouveau reste et l'on divise le résultat par le diviseur, ce qui donne le chiffre des centièmes, et ainsi de suite.*

L'opération consiste donc dans la division par le dénominateur de la fraction , de son numérateur multiplié par une puissance de dix. Il résulte de là que toutes les fois que le dénominateur de la fraction (réduite à sa plus simple expression) ne contiendra pas d'autres facteurs que ceux de dix, c'est-à-dire 2 et 5, la division finira toujours par se terminer, puisqu'en multipliant le numérateur par une puissance de dix convenable, on y introduira les facteurs nécessaires pour qu'il devienne divisible par le dénominateur (67). C'est ce qui est arrivé pour la fraction $\frac{3}{8}$ dont le dénominateur contenait le facteur 2 trois fois. La division s'est terminée après qu'on a eu fait trois opérations, c'est-à-dire qu'on a eu multiplié effectivement le numérateur par $10^3$ ou 1000.

Si au contraire le dénominateur de la fraction à convertir en décimales (cette fraction étant toujours réduite à sa plus simple expression) contient un ou plusieurs facteurs autres que 2 et 5, la division ne saurait se terminer puisqu'en multipliant le numérateur par une puissance quelconque de 10, on n'y introduira jamais le ou les facteurs étrangers à 2 et 5 existant dans le diviseur. Alors, la fraction ordinaire ne pourra être évaluée en

décimales qu'avec une approximation, d'ailleurs auss
grande que l'on voudra. C'est ce qui est arrivé pour l
fraction $\dfrac{5}{11}$ .

En résumé, *une fraction ordinaire irréductible n
peut être exprimée exactement en décimales qu'autan
que son dénominateur ne renferme pas de facteur
autres que 2 et 5.*

Remarque. — *Lorsqu'une fraction ne peut être évalué
exactement en décimales, le quotient de la division d
son numérateur par son dénominateur est périodique
c'est-à-dire se compose des mêmes chiffres se reprodui
sant périodiquement dans le même ordre.*

En effet, les restes que l'on obtient en faisant la division sont tous inférieurs au diviseur, donc après un
nombre d'opérations au plus égal au diviseur diminué de
un on retombe nécessairement sur un reste déjà obtenu,
et comme les dividendes successifs se forment en écrivant un zéro à la droite de chaque reste, on retrouve à
ce moment un dividende déjà obtenu : dès lors les dividendes et par suite les chiffres du quotient se reproduisent indéfiniment dans le même ordre.

L'ensemble des chiffres qui se reproduisent se nomme
*la période.* Lorsque la période commence immédiatement
après la virgule, la fraction est dite *périodique simple.*
Lorsqu'il existe entre la virgule et la période des chiffres
qui ne font pas partie de cette dernière, la fraction est
dite *périodique mixte.*

Ainsi

$$0,572572572.....$$

est une fraction périodique simple, dont la période est
572.

La fraction

$$0,83572572572.....$$

est une fraction périodique mixte, dont la partie non périodique est 83 et dont la période est 572.

———————

# CHAPITRE IV

RACINE CARRÉE.

**107. Définition.** — On nomme *racine carrée* d'un nombre la quantité qu'il faut multiplier par elle-même pour reproduire ce nombre. Ainsi 7 est la racine carrée de 49.

On indique une racine carrée au moyen du signe $\sqrt{\phantom{-}}$ qui se nomme *radical* et sous lequel on place le nombre dont on veut la racine. Ainsi $\sqrt{49}$ représente la racine carrée de 49.

Tout nombre qui est le carré d'un nombre entier ou fractionnaire est dit *carré parfait.*

Les carrés des neuf premiers nombres sont :

$$1. \quad 4. \quad 9. \quad 16. \quad 25. \quad 36. \quad 49. \quad 64. \quad 81.$$

On remarquera qu'aucun d'eux n'est terminé par un des chiffres 2, 3, 7, 8, 0.

**108. Théorème.** — *Le carré de la somme de deux nombres est la somme de trois quantités : 1° le carré du premier nombre ; 2° le double produit du premier nombre par le second ; 3° le carré du second.*

Soit par exemple à élever au carré la somme $12 + 7$, on a

$$(12 + 7)^2 = (12 + 7) \times (12 + 7) = 12^2 + 2(12 \times 7) + 7^2,$$

ce qui démontre le théorème énoncé.

COROLLAIRE I. — Tout nombre plus grand que 10 pouvant être considéré comme la somme de deux parties, dizaines et unités, son carré se compose du carré des dizaines, plus le double produit des dizaines par les unités, plus le carré des unités.

Ainsi

$$6347^2 = (6340 + 7)^2 = 6340^2 + 2(6340 \times 7) + 7^2.$$

COROLLAIRE II. — La différence entre les carrés de deux nombres entiers consécutifs est égale au double du plus petit nombre augmenté de un. — En effet le carré de 13 ou $12 + 1$ vaut $12^2 + 2 \times 12 + 1$. Il surpasse donc le carré de 12 de deux fois 12, plus 1.

**109. Remarques.** — Dans le carré d'un nombre entier plus grand que 10, la première partie, c'est-à-dire le carré des dizaines, ne renferme pas d'unités inférieures aux centaines, car le carré de 10 est égal à 100, et la seconde partie, c'est-à-dire le double produit des dizaines par les unités, ne renferme pas d'unités inférieures aux dizaines. Le carré d'un nombre entier est donc terminé par le même chiffre que le carré de ses unités. Il résulte de là qu'un carré ne peut être terminé par l'un des chiffres 2, 3, 7, 8.

De même le carré d'un nombre entier ne peut être terminé par un nombre impair de zéros, car le produit par lui-même d'un nombre terminé par des zéros contient deux fois autant de zéros que le nombre en renferme, c'est-à-dire un nombre pair de zéros.

**110. Extraction de la racine carrée d'un nombre entier.**

Nous nous proposons, si le nombre entier donné est

carré parfait, de trouver le nombre qui, multiplié par lui-même, le reproduit ; et si le nombre donné n'est pas carré parfait, de trouver la racine carrée du plus grand carré entier qu'il contient. Dans ce dernier cas, le résultat est dit la racine du nombre proposé à moins d'une unité.

1° *Le nombre est inférieur à* 100.

Il suffit alors de consulter le tableau des carrés des 9 premiers nombres.

Soit par exemple à extraire la racine carrée de 49. Le tableau des carrés des 9 premiers nombres donne immédiatement 7 pour cette racine.

Soit encore à extraire la racine carrée de 52. Le nombre 52 n'est pas carré parfait ; il est compris entre 49 et 64 dont les racines sont respectivement 7 et 8. 7 est donc la racine carrée de 52 à moins d'une unité.

2° *Le nombre est supérieur à* 100.

Soit par exemple à extraire la racine carrée du nombre 223416.

Ce nombre étant plus grand que 100, la racine carrée du plus grand carré entier qu'il contient est au moins égale à 10. Le carré de cette racine se compose donc du carré de ses dizaines, plus le double produit de ses dizaines par ses unités, plus le carré de ses unités. Or le carré des dizaines ne renferme pas d'unités inférieures aux centaines, il doit donc être contenu dans les 2234 centaines du nombre proposé. On va prouver que la racine du plus grand carré entier contenu dans 2234 est précisément le nombre des dizaines de la racine cherchée.

En effet, soit $\alpha$ la racine du plus grand carré entier contenu dans 2234, alors $\alpha^2$ sera au plus égal à 2234 et par suite $\alpha^2 \times 100$ c'est-à-dire le carré de $\alpha$ dizaines sera au plus égal à 223400 et par conséquent sera plus petit que le nombre proposé 223416.

D'autre part, 2234 est inférieur à $(\alpha + 1)^2$ d'au moins une unité, donc 223400 est inférieur à $(\alpha + 1)^2 \times 100$ d'au moins une centaine, et par suite 223416 est inférieur à $(\alpha + 1)^2 \times 100$, c'est-à-dire au carré de $(\alpha+1)$ dizaines.

Le nombre proposé est donc compris entre le carré de $\alpha$ dizaines et le carré de $(\alpha + 1)$ dizaines. De là résulte que sa racine est comprise entre $\alpha$ et $(\alpha + 1)$ dizaines, elle contient donc bien $\alpha$ dizaines.

On est ainsi amené à extraire la racine du plus grand carré entier contenu dans 2234. Ce nombre étant plus grand que 100, les raisonnements qui précèdent lui sont applicables et conduisent, pour avoir les dizaines de sa racine, à extraire la racine du plus grand carré entier contenu dans 22. Ce carré est 16 dont la racine est 4 : la racine du plus grand carré entier contenu dans 2234 renferme donc 4 dizaines. Retranchant le carré de 4 dizaines de 2234, il reste 634, nombre qui contient encore le double produit des 4 dizaines par les unités de la racine que l'on cherche actuellement et le carré de ces unités. Le double produit des dizaines par les unités ne renferme pas d'unités inférieures aux dizaines : il est donc contenu dans les 63 dizaines de 634. En divisant 63 par le double de 4, c'est-à-dire 8, le quotient sera le chiffre des unités ou peut-être un chiffre trop fort attendu que 63 peut contenir des dizaines provenant comme retenue du carré des unités et du reste s'il y en a un. On devra donc essayer ce quotient. En divisant 63 par 8 on obtient 7 : pour essayer 7 on pourrait faire le carré de 47 et voir s'il peut se retrancher de 2234 ; mais il est plus simple d'écrire 7 à la droite du double des dizaines et de multiplier le nombre 87 ainsi formé par 7. Le produit est, comme il est facile de le voir, la somme du double produit des dizaines par les unités et du carré des unités, celles-ci étant présumées être au nombre de 7 ; donc, s'il peut être retranché de 634, 7 ne sera pas trop fort. Si le contraire arrive, il faudra recommencer l'essai en prenant 6 pour chiffre des unités.

Le produit de 87 par 7 est 609, donc 7 n'est pas trop fort et 47 est la racine du plus grand carré entier contenu dans 2234. Ce nombre 47 représente ainsi le nombre des dizaines de la racine de tout le nombre proposé.

Si l'on retranche 609 de 634 et qu'on écrive à la droite du reste les deux derniers chiffres du nombre proposé on obtient le nombre 2516 qui est l'excès du nombre proposé sur le carré de 47 dizaines. Ce nombre 2516 contient donc encore le double produit des 47 dizaines par les unités de la racine cherchée, et le carré de ces unités. Raisonnant et opérant comme on l'a fait pour la détermination du chiffre 7, on trouve 2 pour le chiffre des unités. La racine du plus grand carré entier contenu dans 225416 est donc 472 et il reste 632. En d'autres termes 472 est la racine de 225416 à moins d'une unité.

On dispose le calcul comme il suit :

| | | |
|---|---|---|
| 225416 | 472 | |
| 16 | 87 | 942 |
| 634 | 7 | 2 |
| 609 | 609 | 1884 |
| 2516 | | |
| 1884 | | |
| 632 | | |

**111. Règle.** — De ce qui précède on déduit la règle suivante :

*Pour extraire à moins d'une unité la racine carrée d'un nombre entier, on le partage en tranches de deux chiffres à partir de la droite, la dernière tranche à gauche pouvant ne contenir qu'un chiffre. On extrait* ensuite la racine du plus grand carré entier contenu dans le nombre formé par la première tranche à gauche : on a ainsi le chiffre des plus hautes unités de la racine demandée.

On retranche le carré de ce chiffre de la première tranche à gauche et l'on abaisse la deuxième tranche à la droite du reste ; on sépare le dernier chiffre à droite du nombre ainsi formé et l'on divise la partie à gauche par le double du chiffre trouvé à la racine : le quotient est le deuxième chiffre de la racine ou un chiffre trop fort. Pour l'essayer on l'écrit à la droite du double du premier chiffre de la racine et l'on multiplie le nombre ainsi formé par le chiffre que l'on essaie. Si le produit peut se retrancher du nombre formé par le premier reste suivi de la deuxième tranche, le chiffre essayé est exact. Dans le cas contraire on recommence l'essai sur un chiffre inférieur d'une unité et ainsi de suite jusqu'à ce qu'on arrive à une soustraction possible : alors le chiffre correspondant est exact.

A la droite du deuxième reste, on abaisse la troisième tranche ; on sépare le dernier chiffre à droite du nombre ainsi formé et l'on divise la partie à gauche par le double du nombre formé par les deux premiers chiffres de la racine. On essaie comme plus haut le quotient qui représente le troisième chiffre de la racine ou un chiffre trop fort, et l'on continue ainsi jusqu'à ce qu'on ait abaissé toutes les tranches dont le nombre est égal à celui des chiffres de la racine.

Si le dernier reste est nul, on a la racine exacte du nombre proposé ; dans le cas contraire on a la racine à moins d'une unité.

REMARQUE I. — Lorsque l'un des quotients qui donnent les chiffres de la racine à partir du second est supérieur à 9, on essaie le chiffre 9. — Lorsque l'un de ces quotients est zéro, le chiffre correspondant de la racine est o et l'on continue l'opération après avoir abaissé la tranche suivante.

REMARQUE II. — La crainte d'essayer un chiffre que l'on juge *à priori* trop fort pourrait en faire essayer un trop faible : on en sera averti lorsqu'ayant fait la soustraction, le reste sera supérieur au double du nombre trouvé jusque-là à la racine y compris le chiffre que l'on essaie. — On a vu en effet que la différence des carrés de deux nombres entiers consécutifs est égale à deux fois le plus petit nombre plus un. Si donc ayant trouvé par exemple 47 pour racine, on obtenait un reste égal ou supérieur à $2 \times 47 + 1$, le nombre sur lequel on a opéré serait égal ou supérieur à $48^2$ et par suite sa racine vaudrait au moins 48.

REMARQUE III. — On peut faire la preuve par 9 de l'extraction de la racine carrée d'un nombre entier. Pour cela, on cherche le reste de la division par 9 de la racine trouvée, on élève ce reste au carré et on lui ajoute le reste de la division par 9 du reste de l'opération. La somme divisée par 9 doit donner un reste égal à celui du nombre dont on a extrait la racine divisé lui-même par 9.

Ainsi dans l'exemple qui précède, le reste de la division par 9 de la racine trouvée 472 est 4 ; le carré de 4 ou 16 divisé par 9 donne pour reste 7. Le reste 632 de l'opération divisé par 9 donne pour reste 2 qui ajouté au reste 7 donne 9. Cette somme 9 divisée par 9 donne o pour reste. Donc le nombre 225416 doit, si l'opération est exacte, donner o pour reste de sa division par 9. C'est ce qui arrive en effet.

**112. Extraction de la racine carrée d'un nombre entier à une unité près d'un ordre décimal donné.**
— On entend par chercher la racine carrée d'un nombre non carré parfait, à moins de 0,1, 0,01, 0,001 ..... près, trouver le plus grand nombre de dixièmes, centièmes, millièmes ..... dont le carré est contenu dans le nombre proposé.

Soit par exemple à extraire la racine carrée du nombre 12 à moins de 0,01 et soit $a$ le plus grand nombre de centièmes dont le carré est contenu dans 12. Alors 12 se trouve compris entre le carré de $a$ centièmes, ou $\left(\dfrac{a}{100}\right)^2$ et le carré de $(a+1)$ centièmes ou $\left(\dfrac{a+1}{100}\right)^2$ ; il résulte de là que le produit de 12 par le carré de 100, c'est-à-dire 120000, est compris entre $a^2$ et $(a+1)^2$. On aura donc $a$, c'est-à-dire le nombre de centièmes demandé en extrayant à moins d'une unité la racine carrée de 120000.

| 1 2.0 0.0 0 | 346 | |
|---|---|---|
| 3 0.0 | 64 | 686 |
| 4 4 0.0 | 4 | 6 |
| 2 8 4 | 256 | 4116 |

La racine demandée est donc 346 centièmes ou 3,46.

On voit par là que *pour extraire la racine carrée d'un nombre entier à moins d'une unité d'un ordre décimal donné, on écrit à la droite du nombre autant de fois deux zéros que l'on veut avoir de chiffres décimaux au résultat ; on extrait à moins d'une unité la racine du nombre ainsi formé et l'on sépare à cette racine le nombre de chiffres décimaux voulu par l'approximation.*

REMARQUE. — Lorsque l'on extrait la racine carrée

d'un nombre entier qui n'est pas carré parfait à moins de 0,1, 0,01, 0,001, ..... l'opération ne peut amener un reste égal à zéro quelque loin qu'on la conduise. En effet, si l'on finissait par obtenir un reste nul, le nombre proposé se trouverait avoir pour racine une fraction décimale que l'on pourrait toujours d'ailleurs réduire s'il y avait lieu à sa plus simple expression après l'avoir mise sous forme de fraction ordinaire. Il s'ensuivrait que ce nombre serait égal au carré d'une fraction irréductible, ce qui est évidemment impossible, car le carré d'une fraction irréductible est lui-même une fraction irréductible (*) et par suite ne peut être un nombre entier.

La racine carrée d'un nombre non carré parfait se nomme quantité *incommensurable*. On nomme ainsi en général une grandeur qui n'a pas de commune mesure avec l'unité et qui par suite ne peut être exprimée exactement par un nombre entier ou fractionnaire. Une telle grandeur peut d'ailleurs être évaluée en nombre avec une approximation aussi grande que l'on veut.

## 113. Extraction de la racine carrée des fractions ordinaires et décimales.

Lorsque les deux termes d'une fraction sont carrés parfaits, on a la racine carrée de cette fraction en cherchant la racine carrée du numérateur et celle du dénominateur.

Ainsi la racine carrée de la fraction $\frac{56}{49}$ est égale à $\frac{6}{7}$.

De même la racine carrée de 0,56 ou $\frac{56}{100}$ est égale à 0,6.

---

(*) Une fraction irréductible a ses termes premiers entre eux : pour l'élever au carré, on la multiplie par elle-même, ce qui revient à élever au carré chacun de ses termes. On n'introduit donc dans les termes du résultat aucun facteur commun, et par suite, le carré de la fraction est encore une fraction irréductible.

Lorsqu'une fraction irréductible n'a pas chacun de ses termes carré parfait, elle ne peut être le carré d'une autre fraction et par suite sa racine carrée est incommensurable. Il en est de même d'un nombre décimal qui renferme un nombre impair de chiffres décimaux, car d'après la règle de la multiplication des nombres décimaux (102), le carré d'un tel nombre renferme nécessairement deux fois autant de chiffres décimaux que le nombre en contient, c'est-à-dire un nombre pair de chiffres décimaux.

Lorsqu'un nombre fractionnaire n'est pas carré parfait on peut se proposer de calculer sa racine à moins d'une unité (*) ou bien encore à moins de 0,1, 0,01, 0,001 ..... Nous examinerons successivement ces deux cas.

1° *Extraire la racine carrée de 75,642 à moins d'une unité.*

La racine carrée de la partie entière 75 est 8 à moins d'une unité : donc le carré de 9 surpasse 75 d'au moins une unité et par conséquent surpasse aussi 75,642. Il en résulte que 8 est la racine demandée.

On trouverait de même que la racine de $\dfrac{319}{7}$ ou $45+\dfrac{4}{7}$ est 6 à moins d'une unité.

Donc, *pour extraire à moins d'une unité la racine carrée d'un nombre fractionnaire, il suffit d'extraire à moins d'une unité la racine carrée des entiers contenus dans ce nombre.*

2° *Extraire la racine carrée de 6,3425826₇ à moins de 0,001.*

En répétant le raisonnement employé pour les nombres entiers (112) on reconnaît qu'il suffit d'extraire à moins

(*) Dans le cas bien entendu où ce nombre fractionnaire est supérieur à un.

d'une unité la racine du nombre proposé multiplié par le carré de 1000 et de faire exprimer des millièmes au résultat.

Le produit du nombre proposé par 1000² ou 1000000, est 6342582,67 et d'après ce qui précède (1°) on n'a qu'à extraire à moins d'une unité la racine de sa partie entière.

| 6.3 4.2 5.8 2 | 2518 | | |
|---|---|---|---|
| 2 3.4 | 45 | 501 | 5028 |
| 9 2.5 | 5 | 1 | 8 |
| 4 2 4 8.2 | | | |
| 2 2 5 8 | 225 | 501 | 40224 |

La racine demandée est donc 2,518.

Ainsi, *pour extraire la racine carrée d'un nombre décimal, à moins de 0, 1, 0, 01, 0, 001 ....., on conserve après la virgule deux fois autant de zéros que l'on veut avoir de chiffres décimaux à la racine, on extrait la racine comme si le nombre était entier et l'on sépare au résultat le nombre de chiffres décimaux voulu par l'approximation.*

Lorsque le nombre proposé ne renferme pas un nombre suffisant de chiffres décimaux, on y supplée au moyen de zéros.

*Soit par exemple à extraire la racine carrée du nombre 0,672 à moins de 0,001.*

On extraira à moins d'une unité la racine du nombre 672000.

| 6 7.2 0.0 0 | 819 | |
|---|---|---|
| 5 2.0 | 161 | 1629 |
| 1 5 9 0 0 | 1 | 9 |
| 1 2 5 9 | 161 | 14661 |

La racine demandée est 0,819.

*Soit encore à extraire à moins de 0,01 la racine carrée de la fraction $\frac{6}{7}$.*

Une fraction ordinaire pouvant s'exprimer en décimales, il suffira d'opérer la conversion de $\frac{6}{7}$ comme il a été indiqué (106), et la question sera ainsi ramenée aux précédentes.

$$\frac{6}{7} = 0,8571\ldots$$

La racine de 8571 à une unité près est égale à 92, donc la racine demandée est 0,92.

On peut exprimer la règle à suivre dans ce cas de la façon suivante :

*Pour extraire à moins de 0, 1, 0, 01, 0, 001 ....., la racine carrée d'une fraction ordinaire, on convertit cette fraction en décimales et l'on prend à la partie décimale deux fois autant de chiffres décimaux qu'on en veut au résultat. On extrait à moins d'une unité la racine carrée du nombre trouvé, considéré comme entier, et l'on sépare à cette racine le nombre de chiffres décimaux voulu par l'approximation.*

**114. Remarque.** — Les racines que nous avons trouvées en traitant les exemples précédents ont toutes été obtenues *par défaut*. En ajoutant une unité du dernier ordre à chacune d'elles, on obtiendrait les racines des nombres sur lesquels on a opéré, toujours à moins d'une unité, d'un dixième, d'un centième ..... mais alors par *excès*. Ainsi, par exemple, la racine de $\frac{6}{7}$ est 0,92 par défaut et 0,93 par excès, à moins de 0,01.

On peut remarquer que si l'on évalue successivement

à moins d'une unité, d'un dixième, d'un centième..... la racine carrée d'un nombre non carré parfait, 7 par exemple, on obtient en prenant les racines par défaut et celles par excès deux séries de nombres qui se rapprochent sans cesse en se dirigeant vers une *limite* commune. C'est cette limite que l'on nomme la racine carrée de 7.

# CHAPITRE V.

**115. Notions préliminaires.** — Pour évaluer les différentes grandeurs que l'on a à considérer le plus souvent, comme les longueurs, les surfaces, les volumes, etc., on a choisi certaines unités ou mesures dont l'ensemble constitue le *système métrique*, ainsi nommé parce qu'il a pour base le *mètre*. Cette grandeur, que nous définirons tout à l'heure, est l'unité fondamentale à laquelle les autres unités se rattachent. Le système métrique a été établi à la fin du dernier siècle : les travaux y relatifs furent terminés en 1799, et c'est le 1er janvier 1840 que son emploi devint obligatoire en France.

Dans le système métrique les multiples et sous-multiples des différentes unités sont soumis à la loi décimale, de sorte que les calculs relatifs aux nouvelles mesures sont des calculs de nombres décimaux.

**116. Mesures de longueur.** — L'unité de longueur est le *mètre*. On nomme ainsi la dix-millionième partie de la distance du pôle à l'équateur comptée sur le méridien de Paris (*).

---

(*) L'ancienne unité de longueur était la toise qui se subdivisait en 6 pieds, le pied en 12 pouces, et le pouce en 12 lignes. D'après la commission des poids et mesures, le quart du méridien terrestre vaut 5130740 toises, donc

$$10000000 \text{ mètres} = 5130740 \text{ toises,}$$

d'où
$$1^m = 0^t,513 ;$$
et
$$1^t = 1^m,949, \quad \text{à moins de 0,001.}$$

Les multiples du mètre sont :

Le *décamètre* qui vaut 10 mètres.

L'*hectomètre* qui vaut 10 décamètres ou 100 mètres.

Le *kilomètre* qui vaut 10 hectomètres ou 1000 mètres.

Le *myriamètre* qui vaut 10 kilomètres ou 10000 mètres.

Les sous-multiples sont :

Le *décimètre*, dixième partie du mètre.

Le *centimètre*, dixième partie du décimètre ou centième du mètre.

Le *millimètre*, dixième partie du centimètre ou millième du mètre.

Une longueur de 2 myriamètres, 5 kilomètres, 3 décamètres, 8 mètres, 4 centimètres, 7 millimètres, s'écrira donc :

$$25038^{m},047.$$

On emploie le *kilomètre* et le *myriamètre* comme mesures itinéraires.

Ce qu'on appelle *une lieue* est une longueur de quatre kilomètres.

**117. Mesures de superficie.** — L'unité est un carré ayant un mètre de côté et que l'on nomme *mètre carré*. Elle a pour multiples des carrés ayant 10 mètres, 100 mètres ..... de côté et que l'on nomme *décamètre carré, hectomètre carré* ..... et pour sous-multiples des carrés ayant un décimètre, un centimètre ..... de côté et que l'on nomme *décimètre carré, centimètre carré.....*

La succession des sous-multiples et multiples du mètre carré forme une série d'unités telles que chacune d'elles vaut *cent fois* l'unité de l'ordre immédiatement inférieur.

Soit en effet ABCD un carré ayant 10 mètres de côté, c'est-à-dire un *décamètre carré*. Divisons l'un des côtés AC, par exemple, en dix parties égales dont chacune vaudra par conséquent un mètre, et menons par les points de division des parallèles au côté AB : nous partagerons ainsi la surface du carré en dix bandes rectangulaires. Divisons maintenant le côté AB en dix parties égales : chacune de ces parties vaudra un mètre, et si nous menons par les points de division des parallèles au côté AC chacune des dix tranches rectangulaires sera partagée en dix carrés, valant chacun *un mètre carré* : donc la surface du carré ABCD renferme *dix fois dix mètres carrés*, ou *cent mètres carrés*.

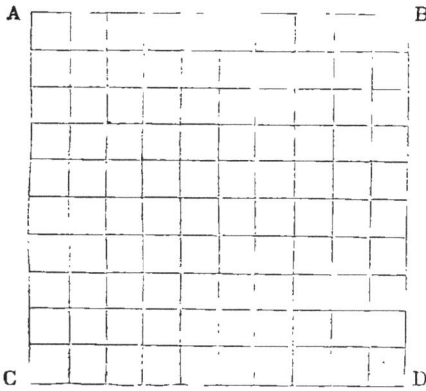

Le même raisonnement peut évidemment s'appliquer aux autres multiples du mètre carré et aussi à ses sous-multiples.

Ainsi les multiples du mètre carré sont :

Le *décamètre carré* qui vaut 100 mètres carrés.

L'*hectomètre carré* qui vaut 100 décamètres carrés ou 10000 mètres carrés.

Le *kilomètre carré* qui vaut 100 hectomètres carrés ou 1000000 mètres carrés.

Le *myriamètre carré* qui vaut 100 kilomètres carrés ou 100000000 mètres carrés.

Les sous-multiples sont :

Le *décimètre carré*, centième partie du mètre carré.

Le *centimètre carré*, centième partie du décimètre carré ou dix-millième du mètre carré.

Le *millimètre carré*, centième partie du centimètre carré ou millionième du mètre carré.

Lorsque l'on écrit en chiffres la valeur d'une surface exprimée à l'aide du mètre carré et de ses multiples et sous-multiples, il est important d'observer que chaque ordre d'unités doit être représenté par *deux chiffres*. Ainsi, soit à représenter en chiffres une surface de 3 myriamètres carrés, 8 kilomètres carrés, 7 décamètres carrés, 15 mètres carrés, 9 décimètres carrés, 12 centimètres carrés, 4 millimètres carrés, on écrira :

$$308000715^{m.q.},091204.$$

Lorsqu'il s'agit de mesures agraires on prend pour unité le *décamètre carré* que l'on nomme *are*. Les seules mesures que l'on emploie avec l'*are* sont l'*hectare* ou hectomètre carré qui vaut cent ares, et le *centiare* ou mètre carré.

Une surface de 25 hectares, 7 ares, 18 centiares, s'écrit $25^h 7^a 18^c$ ; elle vaut 250718 mètres carrés.

**118. Mesures de volume.** — L'unité est le *mètre cube*. On nomme ainsi un cube (*) ayant un mètre de côté. On n'a pas l'habitude de donner des noms particuliers à ses multiples. Les sous-multiples sont des cubes ayant pour côté un décimètre, un centimètre ..... que l'on nomme *décimètre cube, centimètre cube* .....

Le mètre cube et ses sous-multiples forment une série d'unités telles que chacune d'elles vaut *mille fois* l'unité de l'ordre immédiatement inférieur.

En effet, soit ABCDE un cube ayant un mètre de côté, c'est-à-dire un mètre cube. Partageons les côtés AB, AD de la face ABCD chacun en dix parties

_____

(*) Un cube est un volume ayant la forme d'un dé à jouer, c'est-à-dire limité par six faces égales entre elles, dont chacune est un carré.

égales, dont chacune vaudra par suite *un décimètre,*
et imaginons que l'on ait mené par les points de division des parallèles aux côtés AD, AB. On aura ainsi
partagé la surface ABCD en cent décimètres carrés. Or
on peut supposer que chacun de ces décimètres carrés
est la base d'un cube ayant
pour hauteur un décimètre
et comme la hauteur AE
du solide vaut 10 déci -
mètres, on voit que l'on
pourra construire dans le
solide tout entier *dix fois
cent décimètres cubes.* Ce
solide contient donc mille
décimètres cubes.

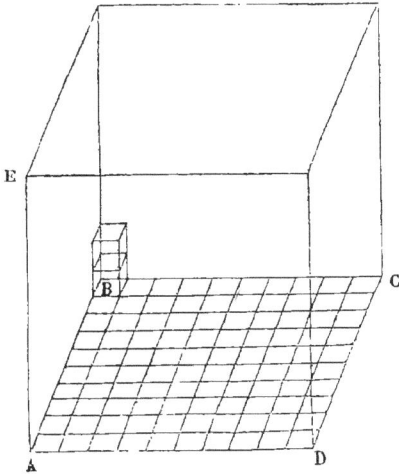

Ce raisonnement est évi-
demment applicable aux
autres sous-multiples du
mètre cube.

Ainsi les sous-multiples du mètre cube sont :

Le *décimètre cube,* millième partie du mètre cube.

Le *centimètre cube,* millième partie du décimètre
cube ou 1000000ᶜ du mètre cube.

Le *millimètre cube,* millième partie du centimètre
cube ou 1000000000ᶜ du mètre cube.

Lorsque l'on écrit en chiffres un volume évalué à l'aide
du mètre cube et de ses sous-multiples, il est important
de considérer que chaque sous-multiple doit être représenté par *trois chiffres.* Ainsi le nombre 325 mètres
cubes, 8 décimètres cubes, 25 centimètres cubes, 32 millimètres cubes, s'écrira :

$$325^{m.c.},008025032.$$

Lorsqu'il s'agit de mesurer les bois, le mètre cube prend le nom de *stère*. On emploie le *décastère* qui vaut dix stères, le *demi-décastère*, le *double-stère* et le *décistère*, dixième partie du stère.

**119. Mesures de capacité.** — L'unité est le *litre*. On nomme ainsi un vase dont la capacité est d'un décimètre cube.

On emploie comme multiples : le *décalitre* qui vaut 10 litres et l'*hectolitre* qui vaut 10 décalitres ou 100 litres. Et comme sous-multiples : le *décilitre*, dixième partie du litre et le *centilitre*, dixième partie du décilitre ou centième partie du litre.

Pour les liquides on se sert de vases cylindriques en étain dont la hauteur est double du diamètre de base. Pour les grains on emploie des vases cylindriques en bois dont la hauteur est égale au diamètre de base.

**120. Mesures de poids.** — L'unité est le *gramme*. On nomme ainsi ce que pèse dans le vide un centimètre cube d'eau distillée à son maximum de densité (qui a lieu à la température de 4 degrés centigrades).

Les multiples du gramme sont :

Le *décagramme* qui vaut 10 grammes.

L'*hectogramme* qui vaut 10 décagr. ou 100 grammes.

Le *kilogramme* qui vaut 10 hectogrammes ou 1000 grammes.

Le *quintal métrique* qui vaut 100 kilogrammes.

La *tonne* qui vaut 1000 kilogrammes.

Les sous-multiples sont :

Le *décigramme*, dixième partie du gramme.

Le *centigramme*, dixième partie du décigramme ou centième partie du gramme.

Le *milligramme,* dixième partie du centigramme ou millième du gramme.

On désigne quelquefois par le mot *livre* un demi-kilogramme.

**121. Monnaies.** — L'unité est le *franc.* On nomme ainsi une pièce d'argent du poids de 5 grammes ayant pour titre 0,900, c'est-à-dire contenant les 0,900 de son poids en argent pur et le reste en cuivre (*).

Les monnaies dont on se sert sont les suivantes :

### Monnaies d'or.

| La pièce de | 100$^f$ | qui pèse | 32$^g$,258 | Diamètre | 35$^{mm}$ |
|---|---|---|---|---|---|
| » | 50$^f$ | » | 16$^g$,129 | » | 28$^{mm}$ |
| » | 20$^f$ | » | 6$^g$.4516 | » | 21$^{mm}$ |
| » | 10$^f$ | » | 3$^g$,2258 | » | 19$^{mm}$ |
| » | 5$^f$ | » | 1$^g$,6129 | » | 17$^{mm}$ |

### Monnaies d'argent.

| La pièce de | 5$^f$ | qui pèse | 25$^g$ » | Diamètre | 37$^{mm}$ |
|---|---|---|---|---|---|
| » | 2$^f$ | » | 10$^g$ » | » | 27$^{mm}$ |
| » | 1$^f$ | » | 5$^g$ » | » | 23$^{mm}$ |
| » | 0$^f$,50 | » | 2$^g$,5 | » | 18$^{mm}$ |
| » | 0$^f$,20 | » | 1$^g$ » | » | 16$^{mm}$ |

### Monnaies de bronze.

| La pièce de | 0$^f$,10 | qui pèse | 10$^g$ | Diamètre | 30$^{mm}$ |
|---|---|---|---|---|---|
| » | 0$^f$,05 | » | 5$^g$ | » | 25$^{mm}$ |
| » | 0$^f$,02 | » | 2$^g$ | » | 20$^{mm}$ |
| » | 0$^f$,01 | » | 1$^g$ | » | 15$^{mm}$ |

(*) Cette définition est la définition légale. La pièce de 1 franc a actuellement pour titre 0,835, c'est-à-dire que les 0,835 de son poids sont de l'argent pur et le reste du cuivre. (Loi du 27 juin 1866.)

Les monnaies d'or sont au titre de 0,900, c'est-à-dire sont formées de 9 parties d'or en poids et de 1 de cuivre.

Les monnaies d'argent sont au titre de 0,835, sauf la pièce de 5 francs dont le titre est 0,900.

Les monnaies de bronze contiennent sur 100 parties en poids, 95 de cuivre, 4 d'étain et 1 de zinc.

On accorde dans la fabrication des monnaies une tolérance pour le titre et pour le poids de chaque pièce.

### Tolérance pour le titre.

| | |
|---|---|
| Monnaies d'or. | $\left\{\begin{array}{l}\text{2 millièmes en dessus} \\ \text{et en dessous.}\end{array}\right.$ |
| Pièces d'argent de 5$^f$, 2$^f$ et 1$^f$. | |
| Pièces de 0$^f$,50 et de 0$^f$,20. | 5 millièmes. |
| Monnaies de bronze. | $\left\{\begin{array}{l}\text{1 centième pour le cuivre.} \\ \text{1/2 centième pour l'étain} \\ \text{et le zinc.}\end{array}\right.$ |

### Tolérance pour le poids : par kilogramme.

| | | |
|---|---|---|
| Monnaies d'or. | $\left\{\begin{array}{l}\text{Pièces de 100}^f\text{, 50}^f\text{, 20}^f \\ \text{— de 10}^f \\ \text{— de 5}^f\end{array}\right.$ | 1$^g$<br>2$^g$<br>3$^g$ |
| Monnaies d'argent. | $\left\{\begin{array}{l}\text{Pièces de 5}^f \\ \text{— de 2}^f\text{ et 1}^f \\ \text{— de 0}^f\text{,50} \\ \text{— de 0}^f\text{,20}\end{array}\right.$ | 3$^g$<br>5$^g$<br>7$^g$<br>10$^g$ |
| Monnaies de bronze. | $\left\{\begin{array}{l}\text{Pièces de 0}^f\text{,10 et de 0}^f\text{,05} \\ \text{— de 0}^f\text{,02 et de 0}^f\text{,01}\end{array}\right.$ | 10$^g$<br>15$^g$ |

1 kilogramme d'or monnayé vaut 3100 francs, 1 kilogramme d'argent, 200 francs, et 1 kilogramme de bronze, 10 francs. A poids égal, la monnaie d'or vaut 15 fois et demie plus que la monnaie d'argent. De même la monnaie d'argent vaut à poids égal 20 fois plus que la monnaie de bronze.

**122.** *bis* Nous ajouterons à l'exposé que nous venons de faire du système métrique, quelques notions sur les unités employées pour la mesure du temps et sur les subdivisions de la circonférence.

**122. Mesure du temps.** — L'unité de temps est l'année qui se compose tantôt de 365 jours, tantôt de 366. Trois années de 365 jours ou *années communes* sont suivies d'une année de 366 jours ou *année bissextile*. Ainsi les années 1873, 1874, 1875 ont été communes, l'année 1876 sera bissextile. De même les années 1877, 1878, 1879 seront communes, l'année 1880 sera bissextile, et ainsi de suite. L'année 1900 que la succession régulière des périodes de 4 années, les trois premières communes et la dernière bissextile, amènerait à être bissextile, sera composée seulement de 365 jours. Il en a été de même des années 1700 et 1800 ; il en sera de même des années 2100, 2200, 2300, mais les années 2000 et 2400 seront bissextiles.

En un mot, trois années communes sont suivies d'une année qui est bissextile, excepté lorsque cette année étant séculaire, le nombre de ses centaines n'est pas divisible par 4. De cette façon, dans l'intervalle de quatre siècles, trois années que leur rang amènerait à être bissextiles restent années communes. C'est en cela que consiste la réforme dite Grégorienne opérée en 1582 par le pape Grégoire XIII (*).

L'année se divise en 12 mois ; l'un, février, a 28 jours dans les années communes et 29 dans les années bissextiles ; les autres se composent de 30 ou 31 jours. Ainsi les mois de 30 jours sont :

---

(*) Voir la Cosmographie (Mesure du temps).

Avril, Juin, Septembre, Novembre,

et ceux de 31

Janvier, Mars, Mai, Juillet, Août, Octobre, Décembre (*).

Le jour se compose de 24 heures, l'heure de 60 minutes et la minute de 60 secondes.

Un nombre composé d'années, mois, jours, etc., se représente en écrivant séparément les diverses unités qu'il renferme, chacune d'elles étant suivie de sa désignation. Ainsi le nombre 73 ans, 4 mois, 18 jours, 7 heures, 12 minutes, 24 secondes, s'écrira :

$$73^{ans} \ 4^m \ 18^j \ 7^h \ 12^m \ 24^s.$$

**123. Divisions de la circonférence.** — Toute circonférence se divise en 360 parties égales nommées degrés; le degré vaut 60 minutes et la minute 60 secondes. Les degrés s'indiquent au moyen du signe °, les minutes par un accent et les secondes par deux accents.

Ainsi le nombre 92 degrés, 25 minutes, 17 secondes, s'écrit :

$$92° \ 25' \ 17''.$$

(*) Dans le calendrier républicain qui fut adopté en 1793 et dura treize ans, l'année commençait le 22 septembre. Elle se composait de 12 mois de 30 jours chacun suivis de jours complémentaires, au nombre de 5 ou 6, suivant que l'année devait être commune ou bissextile. Les mois avaient reçu les noms suivants :
*Vendémiaire*, du 22 septembre au 21 octobre.
*Brumaire*, du 22 octobre au 20 novembre.
*Frimaire*, du 21 novembre au 20 décembre.
*Nivose*, du 21 décembre au 19 janvier.
*Pluviose*, du 20 janvier au 18 février.
*Ventose*, du 19 février au 20 mars.
*Germinal*, du 21 mars au 19 avril.
*Floréal*, du 20 avril au 19 mai.
*Prairial*, du 20 mai au 18 juin.
*Messidor*, du 19 juin au 18 juillet.
*Thermidor*, du 19 juillet au 17 août.
*Fructidor*, du 18 août au 16 septembre.
Chaque mois était partagé en *décades* ou périodes de dix jours dont les noms étaient d'après leur rang : *primidi, duodi, tridi,* etc.

**124. Nombres complexes**. — On nomme ainsi des nombres composés de certaines unités avec leurs subdivisions, lorsque ces subdivisions ne sont pas soumises à la loi décimale. Tels sont les nombres composés d'années, jours, heures, etc.; tels sont encore les nombres composés de degrés, minutes et secondes.

EXEMPLES DE CALCULS DE NOMBRES COMPLEXES.

EXEMPLE I. — *Additionner*

$$
\begin{array}{r}
35° \;\; 47' \;\; 33'' \\
64° \;\; 51' \;\; 39'' \\
\hline
100° \;\; 39' \;\; 12''
\end{array}
$$

On additionne d'abord les secondes, on trouve 72 ou 12″ que l'on pose et une minute que l'on reporte à la colonne des minutes. La somme de celles-ci est 99 ou 39′ que l'on pose et 1° que l'on reporte à la colonne des degrés dont la somme est alors 100°.

EXEMPLE II. — *Du nombre* 154° 8′ 17″ *retrancher* 75° 35′ 51″.

$$
\begin{array}{r}
154° \;\; 8' \;\; 17'' \\
75° \;\; 35' \;\; 51'' \\
\hline
78° \;\; 32' \;\; 26''
\end{array}
$$

On ajoute à 17″ une minute ou 60″ pour pouvoir faire la soustraction et 1′ à 35′ pour faire compensation. On ajoute de même 60′ à 8′ et 1° à 75°, et l'on fait la soustraction sur chaque espèce d'unité.

EXEMPLE. III. — *De* 90° *retrancher* 27° 18′ 14″.

90° valent 89° 59′ 60″; l'opération à faire se ramène donc à la suivante :

$$
\begin{array}{r}
89° \;\; 59' \;\; 60'' \\
27° \;\; 18' \;\; 14'' \\
\hline
62° \;\; 41' \;\; 46''
\end{array}
$$

Le résultat qui exprime la différence entre 90° et l'arc comprenant 27° 18′ 14″ se nomme le *complément* de cet arc.

EXEMPLE IV. — *De* 180° *retrancher* 95° 17′ 34″. On fait l'opération comme il suit :

$$
\begin{array}{r}
179° \; 59′ \; 60″ \\
95° \; 17′ \; 34″ \\
\hline
84° \; 42′ \; 26″
\end{array}
$$

Ce résultat se nomme le *supplément* de l'arc comprenant 95° 17′ 34″.

EXEMPLE V. — *Multiplier* 54° 21′ 12″ *par* 15.

$$
\begin{array}{r}
54° \; 21′ \; 12″ \\
15 \\
\hline
515° \; 18′ \; 0″
\end{array}
$$

On multiplie 12″ par 15. Le produit 180 vaut 60 × 3 ou 3 minutes que l'on ajoutera au produit suivant. On multiplie ensuite 21 par 15 et l'on ajoute 3, on a ainsi 318′ ou 60 × 5 + 18, c'est-à-dire 5 degrés et 18′. Enfin 34 × 15 donne en ajoutant les 5 degrés du produit précédent, 515°.

EXEMPLE VI. — *Diviser* 515° 18′ *par* 15.

$$
\begin{array}{l|l}
515° \; 18′ & 15 \\
\phantom{5}65 & \overline{\;54° \; 21′ \; 12″} \\
\phantom{51}5 & \\
\phantom{5}60 & \\
\hline
\phantom{5}500 & \\
\phantom{51}18 & \\
\hline
\phantom{5}318 & \\
\phantom{51}18 & \\
\phantom{515}5 & \\
\phantom{51}60 & \\
\hline
\phantom{5}180 & \\
\phantom{51}50 & \\
\phantom{515}0 &
\end{array}
$$

On divise 515° par 15. Le quotient est 34° et le reste 5. On multiplie ce reste par 60 pour avoir des minutes et l'on ajoute 18 au résultat. On a ainsi 318' que l'on divise par 15. Le quotient est 21' et le reste 3. Ce dernier vaut 180″ qui divisées par 15 donnent 12 pour quotient.

Le quotient demandé est donc 34° 21' 12″.

REMARQUE. — On peut au lieu d'opérer comme il vient d'être indiqué pour la multiplication et la division, réduire le nombre complexe en unités de la dernière subdivision et ramener le calcul à celui des nombres non complexes.

EXEMPLE VII. — *Multiplier 34° 21' 12″ par 15.*

34° = 34 × 60 ou 2040'. Ajoutant 21', on a 2061' qui valent 2061 × 60 ou 123660 secondes. Ajoutant 12″, tout le multiplicande vaut 123672 secondes. Multipliant par 15, le produit est 1855080 secondes. Si l'on divise ce nombre par 60 le quotient 30918 exprime des minutes et le reste est nul. En divisant encore 30918 par 60 le quotient 515 exprime des degrés et il reste 18. Le produit demandé est donc 515° 18' 0″.

EXEMPLE VIII. — *Diviser 515° 18' par 15.*

515° 18' valent 30918' dont le quotient par 15 est 2061' plus $\frac{3}{15}$ de minute ou 12″. Or 2061 divisé par 60 donnent pour quotient 34° et pour reste 21. Le résultat demandé est donc 34° 21' 12″.

# CHAPITRE VI.

## RAPPORTS ET PROPORTIONS.

**125. Définitions.** — On nomme *rapport* de deux nombres le quotient de leur division.

Ainsi $\dfrac{15}{7}$ est le rapport des deux nombres 15 et 7.

Le premier nombre 15 est le *numérateur* ou l'*antécédent* du rapport; le second nombre 7 en est le *dénominateur* ou le *conséquent*.

Deux rapports sont dits *inverses* l'un de l'autre lorsque le numérateur du premier est égal au dénominateur du second et *vice versâ*.

Ainsi $\dfrac{15}{7}$ et $\dfrac{7}{15}$ sont inverses l'un de l'autre.

Le produit de deux rapports inverses est égal à l'unité.

On nomme *rapport* de deux grandeurs de même espèce le nombre qui mesure la première lorsque l'on prend la seconde pour unité.

**126. Théorème.** — *Le rapport de deux grandeurs de même espèce est égal au rapport des nombres qui les mesurent, en supposant qu'on les ait évaluées avec la même unité.*

Supposons d'abord que deux grandeurs de même espèce

A et B contiennent l'unité employée, la première 7 fois et la seconde 4 fois. On peut dire alors que A renferme 7 fois le quart de B ou vaut $\frac{7}{4}$ de B. Donc si l'on prend B pour unité, le nombre qui mesure A sera $\frac{7}{4}$.

Supposons maintenant que les nombres qui mesurent A et B soient $\frac{3}{8}$ et $\frac{5}{11}$. L'unité employée est alors les $\frac{11}{5}$ de B et par suite A vaut les $\frac{3}{8}$ des $\frac{11}{5}$ de B, c'est-à-dire $\frac{3}{8} \times \frac{11}{5}$ ou $\frac{3}{8} : \frac{5}{11}$ de B. Donc encore si l'on prend B pour unité, le nombre qui mesure A sera $\frac{3}{8} : \frac{5}{11}$ ou $\frac{33}{40}$.

REMARQUE. — On voit par ce qui précède que le rapport de deux nombres ou de deux grandeurs de même espèce peut toujours être exprimé par une fraction ayant ses termes entiers, en ne considérant bien entendu que des quantités commensurables.

**127. Propriétés des rapports.** — Ces propriétés sont les mêmes que celles qui appartiennent aux nombres fractionnaires. Nous nous contenterons de démontrer la suivante.

*On n'altère pas la valeur d'un rapport lorsqu'on multiplie ou divise ses deux termes par un même nombre.*

Soit $\frac{a}{b}$ un rapport et $q$ sa valeur, on a $\frac{a}{b} = q$ (*), d'où l'on tire $a = b \times q$.

_____

(*) $a$ et $b$ représentent deux nombres qui peuvent être l'un et l'autre fractionnaires et $q$ est le quotient de la division de $a$ par $b$.

6.

Multipliant par un nombre quelconque $m$ les deux membres de l'égalité, il vient :

$$a \times m = b \times m \times q,$$

d'où

$$\frac{a \times m}{b \times m} = q,$$

donc

$$\frac{a \times m}{b \times m} = \frac{a}{b},$$

ce qu'il fallait démontrer.

La simplification des rapports et leur réduction au même dénominateur résultent de ce principe. On les opère comme on le fait pour les nombres fractionnaires.

Les rapports se combinent entre eux suivant les règles des opérations sur les nombres fractionnaires.

**128. Théorème.** — *Dans une suite de rapports égaux la somme des numérateurs et celle des dénominateurs forment un rapport égal à chacun des rapports de la suite.*

Soit la suite de rapports égaux : $\dfrac{a}{b} = \dfrac{a'}{b'} = \dfrac{a''}{b''}$ et soit $q$ la valeur de chacun d'eux, on a : $a = b \times q, a' = b' \times q,$ $a'' = b'' \times q$.

Ajoutant membre à membre, il vient :

$$a + a' + a'' = (b + b' + b'') \times q,$$

d'où

$$\frac{a + a' + a''}{b + b' + b''} = q = \frac{a}{b},$$

ce qu'il fallait démontrer.

**129. Définition.** — On nomme *proportion* l'égalité de deux rapports. Ainsi :

$$\frac{12}{7} = \frac{24}{14}$$

est une proportion. On l'énonce 12 est à 7 comme 24 est à 14.

Les nombres 12 et 14 sont les *extrêmes* de la proportion. Les nombres 7 et 24 en sont les *moyens*.

Le quatrième terme d'une proportion est dit quatrième proportionnelle aux trois premiers termes. Ainsi 14 est une quatrième proportionnelle à 12, 7 et 24.

Lorsque les deux extrêmes, ou encore les deux moyens, sont égaux entre eux, la valeur commune de ces deux termes est dite *moyenne proportionnelle* entre les deux autres. Ainsi dans les proportions

$$\frac{4}{6} = \frac{6}{9} \quad \text{et} \quad \frac{10}{5} = \frac{20}{10}$$

6 est la moyenne proportionnelle entre 4 et 9 ; et de même 10 est la moyenne proportionnelle entre 5 et 20.

**130. Théorème I.** — *Dans toute proportion le produit des extrêmes est égal à celui des moyens.*

Soit la proportion $\frac{12}{7} = \frac{24}{14}$. Si l'on multiplie les deux termes de chaque rapport par le dénominateur de l'autre, ces deux rapports restent égaux et l'on a

$$\frac{12 \times 14}{7 \times 14} = \frac{24 \times 7}{14 \times 7},$$

donc les dénominateurs étant égaux, les numérateurs le sont également, et l'on a

$$12 \times 14 = 24 \times 7,$$

ce qu'il fallait démontrer.

**131. Théorème II.** — *Réciproquement, si quatre nombres sont tels que le produit de deux d'entre eux est égal au produit des deux autres, on peut former une proportion avec ces nombres en prenant pour extrêmes les facteurs de l'un des produits et pour moyens ceux de l'autre.*

Soit en effet le produit $12 \times 14 = 24 \times 7$. Divisant les deux membres de l'égalité par le produit $7 \times 14$ de deux facteurs pris l'un dans le premier membre de l'égalité, l'autre dans le second, l'égalité n'est pas troublée et l'on a :

$$\frac{12 \times 14}{7 \times 14} = \frac{24 \times 7}{7 \times 14},$$

d'où, simplifiant, on a la proportion

$$\frac{12}{7} = \frac{24}{14}.$$

On voit par ce qui précède que *pour que quatre nombres soient en proportion il faut et il suffit que le produit des extrêmes soit égal à celui des moyens.*

Corollaires. — 1° On peut écrire les termes d'une proportion en intervertissant leur ordre pourvu que le produit des extrêmes reste égal à celui des moyens.

Ainsi la proportion $\frac{12}{7} = \frac{24}{14}$ peut s'écrire des huit manières suivantes :

$$\frac{12}{7} = \frac{24}{14}, \quad \frac{12}{24} = \frac{7}{14}, \quad \frac{7}{12} = \frac{14}{24}, \quad \frac{7}{14} = \frac{12}{24},$$

$$\frac{24}{12} = \frac{14}{7}, \quad \frac{24}{14} = \frac{12}{7}, \quad \frac{14}{24} = \frac{7}{12}, \quad \frac{14}{7} = \frac{24}{12}.$$

2° Lorsque l'on connaît trois termes d'une proportion,

et que l'on veut trouver le quatrième terme inconnu, on l'obtient si c'est un extrême, en multipliant les moyens et en divisant le produit trouvé par l'extrême connu. Si c'est un moyen il est égal au quotient de la division du produit des extrêmes par le moyen connu.

Ainsi, soit à trouver le terme inconnu $x$ de la proportion $\dfrac{15}{7} = \dfrac{45}{x}$ : on doit avoir $15 \times x = 45 \times 7$ : donc $x$ sera égal au quotient de la division de $45 \times 7$ par $15$, c'est-à-dire sera égal à $21$.

De même dans la proportion $\dfrac{15}{x} = \dfrac{45}{21}$, on a $x = \dfrac{15 \times 21}{45}$ ou $7$.

Dans le cas où les deux extrêmes ou encore les deux moyens ayant la même valeur sont inconnus, on obtient leur valeur commune en extrayant la racine carrée du produit des deux termes connus.

Soit à trouver $x$ dans la proportion $\dfrac{12}{x} = \dfrac{x}{3}$, on doit avoir $x \times x$ ou $x^2 = 12 \times 3$, donc $x = \sqrt{12 \times 3} = 6$.

**132. Théorème III**. — *Lorsque deux proportions ont un rapport commun, les deux autres rapports forment une proportion.*

En effet, soient les proportions $\dfrac{12}{7} = \dfrac{24}{14}$ et $\dfrac{12}{7} = \dfrac{36}{21}$, on en déduit immédiatement $\dfrac{24}{14} = \dfrac{36}{21}$.

COROLLAIRE. — *Lorsque deux proportions ont les mêmes antécédents ou les mêmes conséquents, les autres termes forment une proportion.*

En effet, soient les proportions $\dfrac{12}{7} = \dfrac{24}{14}$ et $\dfrac{12}{5} = \dfrac{24}{10}$, on peut les écrire :

$$\frac{12}{24} = \frac{7}{14} \quad \text{et} \quad \frac{12}{24} = \frac{5}{10},$$

d'où l'on tire $\dfrac{7}{14} = \dfrac{5}{10}$, ce qu'il fallait démontrer.

**133. Théorème IV.** — *Lorsque l'on multiplie terme à terme plusieurs proportions, les produits forment une proportion.*

Soient en effet les proportions

$$\frac{12}{7} = \frac{24}{14}, \qquad \frac{8}{9} = \frac{16}{18}, \qquad \frac{}{11} = \frac{15}{55}.$$

Multipliant membre à membre, il vient :

$$\frac{12}{7} \times \frac{8}{9} \times \frac{5}{11} = \frac{24}{14} \times \frac{16}{18} \times \frac{15}{55},$$

ou

$$\frac{12 \times 8 \times 5}{7 \times 9 \times 11} = \frac{24 \times 16 \times 15}{14 \times 18 \times 55},$$

ce qu'il fallait démontrer.

**134. Théorème V.** — *Lorsque l'on divise terme à terme deux proportions, les quotients forment une proportion.*

Soient en effet les proportions $\dfrac{12}{7} = \dfrac{24}{14}$ et $\dfrac{8}{9} = \dfrac{16}{18}$.

Divisant membre à membre, il vient

$$\frac{12}{7} : \frac{8}{9} = \frac{24}{14} : \frac{16}{18} \quad \text{ou} \quad \frac{12 \times 9}{7 \times 8} = \frac{24 \times 18}{14 \times 16}.$$

ce qui peut s'écrire :

$$\frac{\left(\dfrac{12}{8}\right)}{\left(\dfrac{7}{9}\right)} = \frac{\left(\dfrac{24}{16}\right)}{\left(\dfrac{14}{18}\right)},$$

ce qu'il fallait démontrer.

**135. Théorème VI.** — *Si quatre nombres sont en proportion, leurs carrés sont en proportion.*

Soit la proportion $\dfrac{12}{7} = \dfrac{48}{28}$ . Élevant les deux membres au carré, il vient

$$\left(\frac{12}{7}\right)^2 = \left(\frac{48}{28}\right)^2,$$

ou

$$\frac{12^2}{7^2} = \frac{48^2}{28^2},$$

ce qu'il fallait démontrer.

**136. Théorème VII.** — *Dans toute proportion, la somme des deux premiers termes est au premier ou au second terme comme la somme des deux derniers est au troisième ou au quatrième.*

Soit la proportion :

$$\frac{12}{7} = \frac{24}{14}.$$

Ajoutant 1 aux deux membres, il vient :

$$\frac{12}{7} + 1 = \frac{24}{14} + 1$$

ou

$$\frac{12 + 7}{7} = \frac{24 + 14}{14}.$$

Comparant cette proportion à la première, il vient, en divisant terme à terme et simplifiant :

$$\frac{12 + 7}{12} = \frac{24 + 14}{24}.$$

Le théorème est donc démontré.

COROLLAIRE. — Des proportions précédentes, on déduit :

$$\frac{12+7}{24+14} = \frac{12}{24} = \frac{7}{14},$$

c'est-à-dire que *dans une proportion la somme des deux premiers termes est à la somme des deux autres comme le premier terme est au troisième ou comme le deuxième est au quatrième.*

**137. Théorème VIII.** — *Dans toute proportion la différence des deux premiers termes est au premier ou au second terme comme la différence des deux derniers est au troisième ou au quatrième.*

Soit la proportion $\qquad \dfrac{12}{7} = \dfrac{24}{14}.$

Retranchant 1 des deux membres, il vient :

$$\frac{12}{7} - 1 = \frac{24}{14} - 1 \qquad \text{ou} \qquad \frac{12-7}{7} = \frac{24-14}{14}.$$

Comparant cette proportion avec la première, il vient en divisant terme à terme et simplifiant :

$$\frac{12-7}{12} = \frac{24-14}{24}.$$

Soit maintenant la proportion $\dfrac{5}{15} = \dfrac{10}{26}.$

Retranchant les deux membres de 1, il vient :

$$1 - \frac{5}{15} = 1 - \frac{10}{26} \qquad \text{ou} \qquad \frac{15-5}{15} = \frac{26-10}{26}.$$

Et ensuite comme ci-dessus :

$$\frac{15-5}{5} = \frac{26-10}{10}.$$

Corollaire. — On déduit des proportions précédentes :

$$\frac{12-7}{24-14}=\frac{12}{24}=\frac{7}{14} \quad \text{et} \quad \frac{13-5}{26-10}=\frac{5}{10}=\frac{13}{26},$$

c'est-à-dire que *dans toute proportion la différence des deux premiers termes est à la différence des deux autres, comme le premier terme est au troisième ou le second au quatrième.*

**138. Théorème IX.** — *Dans toute proportion la somme des deux premiers termes est à leur différence comme la somme des deux derniers est à leur différence.*

En effet, étant donnée la proportion $\frac{15}{21}=\frac{5}{7}$, on en tire d'après les théorèmes qui précèdent :

$$\frac{15+21}{5+7}=\frac{15}{5}, \qquad \frac{21-15}{7-5}=\frac{15}{5},$$

d'où

$$\frac{15+21}{21-15}=\frac{5+7}{7-5}.$$

**139. Remarque.** — Toute proportion $\frac{a}{b}=\frac{c}{d}$ pouvant s'écrire $\frac{a}{c}=\frac{b}{d}$, on peut établir une série de théorèmes tout à fait semblables aux précédents et dont l'énoncé ne différera qu'en ce que les mots : premier terme, troisième terme, seront remplacés par ceux de premier antécédent, premier conséquent, et les mots : deuxième terme, quatrième terme, par ceux de deuxième antécédent, deuxième conséquent.

Ainsi par exemple on reconnaîtra que *dans toute proportion la somme des antécédents est à leur différence comme la somme des conséquents est à leur différence.*

J. DUFAILLY. 7

**140. Moyennes géométrique et arithmétique.** — On nomme *moyenne géométrique ou proportionnelle* entre deux nombres, la racine carrée de leur produit. C'est, ainsi que nous l'avons vu, la valeur commune des extrêmes ou des moyens de certaines proportions.

On nomme *moyenne arithmétique* entre deux ou plusieurs nombres, le résultat que l'on obtient en additionnant ces nombres et en divisant leur somme par leur nombre. Ainsi la moyenne arithmétique entre 5, 7 et 12 est égale à $\dfrac{5+7+12}{3}$ ou 8.

# CHAPITRE VII

GRANDEURS PROPORTIONNELLES. — PROBLÈMES.

**141. Définitions.** — On dit que deux grandeurs d'espèces différentes sont *directement proportionnelles* ou simplement sont *proportionnelles* lorsque le rapport de deux valeurs quelconques de l'une d'elles est constamment égal au rapport des valeurs correspondantes de l'autre.

Ainsi $a$, $a'$ étant deux valeurs quelconques d'une certaine grandeur A ; $b$, $b'$ étant les valeurs correspondantes d'une autre grandeur B, si l'on a toujours

$$\frac{a}{a'} = \frac{b}{b'},$$

les grandeurs A et B sont directement proportionnelles.

Par exemple, le prix d'une pièce d'étoffe est proportionnel au nombre de mètres qu'elle contient.

On dit que deux grandeurs sont *inversement proportionnelles* lorsque le rapport de deux valeurs quelconques de l'une d'elles est constamment égal à l'inverse du rapport des valeurs correspondantes de l'autre.

Ainsi $a$, $a'$ étant deux valeurs quelconques d'une

certaine grandeur A ; $b$, $b'$ étant les valeurs correspondantes d'une autre grandeur B, si l'on a toujours

$$\frac{a}{a'} = \frac{b'}{b},$$

les grandeurs A et B sont inversement proportionnelles.

Par exemple, le temps nécessaire pour faire un certain
travail est inversement proportionnel au nombre d'ouvriers que l'on emploie pour le faire.

Une grandeur peut être directement proportionnelle
à certaines grandeurs et inversement à certaines autres.

Ainsi, par exemple, le nombre d'ouvriers à employer
pour faire un certain nombre de mètres d'ouvrage est
directement proportionnel à ce nombre de mètres et
inversement proportionnel au temps pendant lequel doit
être fait l'ouvrage.

**142.** La démonstration de la proportionnalité des
grandeurs n'est pas du ressort de l'arithmétique. Dans
tous les exemples qui vont suivre nous l'admettrons soit
comme une convention, soit comme un résultat de
l'expérience.

On peut du reste souvent faire usage des principes
suivants pour reconnaître que deux grandeurs sont directement ou inversement proportionnelles :

1° *Lorsque deux grandeurs sont telles que si l'une
d'elles devenant un certain nombre de fois plus grande
ou plus petite, l'autre devient le même nombre de fois
plus grande ou plus petite, ces deux grandeurs sont
directement proportionnelles ;*

2° *Lorsque deux grandeurs sont telles que l'une devenant un certain nombre de fois plus grande ou plus
petite, l'autre devient le même nombre de fois plus petite*

*ou plus grande, ces deux grandeurs sont inversement proportionnelles.*

## RÈGLES DE TROIS.

### RÈGLE DE TROIS SIMPLE.

**143. Définition.** — On nomme *règle de trois simple* une question dans laquelle, étant données deux valeurs qui se correspondent de deux grandeurs proportionnelles et une seconde valeur de l'une de ces grandeurs, on demande de trouver la seconde valeur correspondante de l'autre grandeur.

La règle de trois simple est *directe* ou *inverse* suivant que les grandeurs dont il s'agit sont directement ou inversement proportionnelles.

**144. Exemple I. Règle de trois directe.** — *25 mètres d'étoffe coûtent 175 francs, combien coûteront 12 mètres de la même étoffe?*

Soit $x$ le prix demandé ; les deux grandeurs en question, nombre de mètres et prix, sont directement proportionnelles : on a par suite la proportion

$$\frac{25}{12} = \frac{175}{x} ,$$

d'où l'on tire

$$x = \frac{175 \times 12}{25} = 84.$$

Les 12 mètres d'étoffe coûteront donc 84 francs.

Le problème peut encore être résolu sans le secours des proportions, à l'aide de la méthode dite *de réduction à l'unité*. On raisonne alors ainsi qu'il suit :

Puisque 25 mètres d'étoffe coûtent 175 francs, un seul

mètre coûtera 25 fois moins ou $\dfrac{175}{25}$ , et 12 mètres coûte-

ront $\dfrac{175}{25} \times 12$ ou 84 francs.

REMARQUE. — L'expression $\dfrac{175}{25} \times 12$ peut s'écrire

$175 \times \dfrac{12}{25}$ : on voit sous cette forme que *la valeur cher-chée est égale à la valeur donnée de la grandeur de même espèce qu'elle, multipliée par le rapport direct des deux valeurs de l'autre grandeur.*

**145. Exemple II. Règle de trois inverse.** — 12 ou-*vriers mettent 153 heures pour faire un certain travail, combien 27 ouvriers mettront-ils d'heures pour faire le même travail?*

Soit $x$ le nombre d'heures demandé ; les deux gran-deurs en question sont inversement proportionnelles, on aura donc la proportion

$$\frac{27}{12} = \frac{153}{x} ,$$

d'où l'on tire

$$x = \frac{153 \times 12}{27} = 68.$$

Les 27 ouvriers mettront donc 68 heures pour faire le travail.

*Solution du problème par la méthode de réduction à l'unité.* On dira : Puisque 12 ouvriers mettent 153 heures pour faire le travail, un seul ouvrier en mettra 12 fois plus ou $153 \times 12$, et 27 ouvriers mettront 27 fois moins d'heures qu'un seul, ou

$$\frac{153 \times 12}{27} = 68.$$

REMARQUE. — L'expression $\dfrac{153 \times 12}{27}$ peut s'écrire

$153 \times \dfrac{12}{27}$ : on voit ainsi que *la valeur cherchée est
égale à la valeur donnée de la grandeur de même es-
pèce qu'elle, multipliée par le rapport inverse des deux
valeurs de l'autre grandeur.*

RÈGLE DE TROIS COMPOSÉE.

**146. Définition.** — On nomme *règle de trois composée*
une question dans laquelle, étant donnée une série de
valeurs correspondantes de plusieurs grandeurs directement ou inversement proportionnelles, et une seconde
série de ces valeurs à l'exception d'une d'entre elles, on
demande de déterminer cette valeur inconnue.

Les règles de trois composées peuvent se résoudre soit
à l'aide des proportions, soit en employant la méthode
de réduction à l'unité.

**147. Exemple.** — *25 ouvriers travaillant 12 jours et
9 heures par jour ont fait 100 mètres d'un certain ouvrage : combien faudra-t-il d'ouvriers, travaillant
15 jours et 11 heures par jour, pour faire 330 mètres du
même ouvrage ?*

1° *Solution par les proportions.* Soit $x$ le nombre
d'ouvriers nécessaire pour faire 330 mètres en travaillant
12 jours et 9 heures par jour : les nombres d'ouvriers et
de mètres sont directement proportionnels, on aura donc:

$$\frac{100}{330} = \frac{25}{x}. \qquad (1)$$

Supposons $x$ connu et soit $y$ le nombre d'ouvriers
nécessaire pour faire 330 mètres en travaillant 15 jours

et 9 heures par jour. Les nombres d'ouvriers et de jours sont inversement proportionnels et l'on aura

$$\frac{15}{12} = \frac{x}{y}. \qquad (2)$$

Supposons $y$ connu et soit $z$ le nombre d'ouvriers nécessaire pour faire 330 mètres en travaillant 15 jours et 11 heures par jour, c'est-à-dire soit $z$ le nombre demandé. Les nombres d'ouvriers et d'heures sont inversement proportionnels ; on aura donc :

$$\frac{11}{9} = \frac{y}{z}. \qquad (3)$$

Multipliant terme à terme les proportions (1), (2) et (3), il vient

$$\frac{100 \times 15 \times 11}{330 \times 12 \times 9} = \frac{25 \times x \times y}{x \times y \times z},$$

et divisant par $x$ et par $y$ les deux termes du second rapport :

$$\frac{100 \times 15 \times 11}{330 \times 12 \times 9} = \frac{25}{z},$$

d'où

$$z = \frac{25 \times 330 \times 12 \times 9}{100 \times 15 \times 11} = 54.$$

Il faudra donc 54 ouvriers.

2° *Solution par la méthode de réduction à l'unité.* On dira :

Pour faire $100^m$ en travaillant 12 jours et 9 heures par jour, il faut 25 ouvriers.

Donc : pour faire $100^m$ en travaillant 1 jour et 9 heures par jour, il faudra $25 \times 12$ ouvriers,

pour faire $100^m$ en travaillant 15 jours et 9 heures par jour, il faudra $\dfrac{25 \times 12}{15}$ ouvriers, pour faire 100<sup>m</sup> en travaillant 15 jours et 1 heure par jour, il faudra $\dfrac{25 \times 12 \times 9}{15}$ ouvriers,

pour faire 100<sup>m</sup> en travaillant 15 jours et 11 heures par jour, il faudra $\dfrac{25 \times 12 \times 9}{15 \times 11}$ ouvriers,

pour faire 1<sup>m</sup> en travaillant 15 jours et 11 heures par jour, il faudra $\dfrac{25 \times 12 \times 9}{15 \times 11 \times 100}$ ouvriers,

enfin, pour faire 330<sup>m</sup> en travaillant 15 jours et 11 heures par jour, il faudra $\dfrac{25 \times 12 \times 9 \times 330}{15 \times 11 \times 100}$ ouvriers.

Effectuant, on trouve 54 ouvriers.

REMARQUE. — Si l'on appelle $x$ la quantité cherchée, on peut écrire :

$$x = 25 \times \frac{12}{15} \times \frac{9}{11} \times \frac{330}{100}.$$

Or les nombres d'ouvriers sont inversement proportionnels aux nombres de jours et d'heures, et directement proportionnels aux nombres de mètres de travail. On voit donc par le résultat précédent que dans ces sortes de questions, *la valeur cherchée est égale à la valeur donnée de la grandeur de la même espèce, multipliée par les rapports des deux valeurs de chacune des autres grandeurs, ces rapports étant directs ou inverses suivant que les grandeurs sont directement ou inversement proportionnelles à la grandeur dont une seule valeur est connue.*

**148.** Cette remarque permet d'écrire immédiatement le résultat d'une règle de trois.

EXEMPLE. — *Il a fallu 15 jours à 50 ouvriers travaillant 8 heures par jour pour creuser un fossé long de 400 mètres, large de 6 mètres et profond de 3 mètres : combien faudra-t-il de jours à 55 ouvriers travaillant 10 heures par jour, pour creuser un fossé long de 580 mètres, large de 5 mètres et profond de 2^m,50.*

Nommant $x$ le nombre de jours cherché, on a :

$$x = 15 \times \frac{50}{35} \times \frac{8}{10} \times \frac{580}{400} \times \frac{5}{6} \times \frac{2,50}{3}.$$

**149.** Nous avons indiqué deux méthodes pour résoudre les règles de trois. Il convient de préférer celle de réduction à l'unité que nous emploierons d'ailleurs exclusivement dans les problèmes qui suivent.

## INTÉRÊTS SIMPLES.

**150. Définitions.** — On nomme *intérêt* le bénéfice que l'on fait sur une somme prêtée ; cette somme est dite *le capital*. L'intérêt est *simple* lorsque le capital reste le même pendant toute la durée du prêt. On nomme *taux* de l'intérêt ce que rapportent 100 francs en un an.

L'intérêt est évidemment proportionnel au capital et au temps ; les règles d'intérêt simple ne sont donc autre chose que des règles de trois.

**151.** PROBLÈME I. — *Calculer l'intérêt rapporté par un capital de 1845 francs placé pendant 2 ans 4 mois au taux de 5 pour cent (5 %).*

On dira :

Puisque 100 francs en un an ou 12 mois rapportent 5 francs, 100 francs en 2 ans 4 mois ou $\frac{28}{12}$ d'année rapporteront $\dfrac{5 \times 28}{12}$ ; donc 1 franc pendant le même temps

rapportera 100 fois moins ou $\dfrac{5 \times 28}{12 \times 100}$ , et 1845 francs rapporteront

$$\dfrac{5 \times 28 \times 1845}{12 \times 100} .$$

Effectuant, on trouve $215^f,25$.

**152.** Problème II. — *Quel est le capital qui étant resté placé pendant* 11 *mois à* 5 % *a rapporté* 220 *francs?*

5 francs en 12 mois sont rapportés par 100 francs, donc

1 franc en 12 mois sera rapporté par $\dfrac{100}{5}$ ,

220 fr. en 12 mois seront rapportés par $\dfrac{100 \times 220}{5}$ ,

220 fr. en 1 mois seront rapportés par $\dfrac{100 \times 220 \times 12}{5}$ ,

et 220 fr. en 11 mois seront rapportés par $\dfrac{100 \times 220 \times 12}{5 \times 11}$ .

Effectuant, on trouve 4800 francs pour le capital demandé.

**153.** Problème III. — *A quel taux était placé un capital de* 5690 *francs, qui placé pendant* 14 *mois a rapporté* $215^f,25$ ?

On dira :

5690 fr. en 14 mois ont rapporté $215^f,25$,

1 franc en 14 mois rapporte donc $\dfrac{215,25}{5690}$ ,

et 100 francs en 14 mois rapportent $\dfrac{215,25 \times 100}{5690}$ , donc 100 francs en 1 mois rapportent $\dfrac{215,25 \times 100}{3960 \times 14}$,

et 100 francs en 12 mois rapportent $\dfrac{215,25 \times 100 \times 12}{3690 \times 14}$.

Effectuant, on trouve 5 % pour le taux demandé.

**154.** PROBLÈME IV. — *Pendant combien de temps est resté placé un capital de 8640 francs qui à 6 % a rapporté 720 francs?*

On dira :

100 francs rapportent 6 francs en 1 année.

1 franc rapporte 6 francs en 100 ans.

8640 francs rapportent 6 francs en $\dfrac{100}{8640}$ d'année.

8640 francs rapportent 1 franc en $\dfrac{100}{8640 \times 6}$ d'année,

et 8640 francs rapportent 720 francs en $\dfrac{100 \times 720}{8640 \times 6}$ d'année.

Effectuant, on trouve 1 an $\dfrac{7}{18}$. Si l'on multiplie $\dfrac{7}{18}$ par 12 pour réduire cette fraction d'année en mois, il vient 4 mois et $\dfrac{2}{3}$ de mois ou 4 mois et 20 jours (en supposant chaque mois composé de 30 jours).

Le temps demandé est donc 1 an, 4 mois, 20 jours.

**155.** PROBLÈME V. — *Quelle est la valeur d'un capital qui étant resté placé pendant 7 mois à 5 % est devenu, joint à ses intérêts, 1856 francs?*

Dans cette question, on ne connaît ni le capital, ni les intérêts, mais bien leur somme. On commencera pour résoudre le problème, par chercher ce que rapportent

100 francs pendant 7 mois à 5 %: on trouve ainsi $\dfrac{5 \times 7}{12}$.
On dira alors :

$100 + \dfrac{5 \times 7}{12}$ est ce que devient, joint à ses intérêts, un

capital de 100 francs qui est resté placé pendant 7 mois
à 5 %, donc 1 franc est ce que deviendrait dans les mêmes
conditions un capital de $\dfrac{100}{100 + \dfrac{5 \times 7}{12}}$, et 1856 francs

sont ce que devient un capital 1856 fois plus fort. On a
donc pour le capital demandé :

$$\dfrac{100 \times 1856}{100 + \dfrac{5 \times 7}{12}}.$$

Effectuant, on trouve $1803^f,40$.

**156.** Reprenons actuellement la question traitée plus
haut (151) en représentant par des lettres les données.
En un mot proposons-nous de résoudre le problème
suivant :

*Calculer l'intérêt rapporté par un capital de a francs
placé pendant t années au taux de i pour cent.*

Puisque $100^f$ en 1 an rapportent $i$ ;

$100^f$ en $t$ années rapporteront $i \times t$ ;

$1^f$ en $t$ années rapportera $\dfrac{i \times t}{100}$ ;

et $a^f$ en $t$ années rapporteront $\dfrac{a \times i \times t}{100}$.

On a donc en nommant $I$ l'intérêt demandé :

$$I = \frac{a \times i \times t}{100}. \qquad (1)$$

On obtient ainsi ce qu'on nomme *une formule*, c'est-à-dire une expression indiquant les opérations à faire sur les données d'une question pour trouver le résultat. — La formule (1) signifie que *pour trouver l'intérêt d'une somme, il faut multiplier la valeur de cette somme par le taux auquel elle a été placée et par le temps (exprimé en années) pendant lequel elle a été placée, et diviser ensuite le produit de ces trois facteurs par* 100.

De la formule (1) on déduit les suivantes :

$$(2) \quad a = \frac{100 \times I}{i \times t}, \quad (3) \quad i = \frac{100 \times I}{a \times t}, \quad (4) \quad t = \frac{100 \times I}{a \times i},$$

qui permettent de trouver le capital, le taux et le temps lorsque les autres éléments de la question sont donnés.

La formule (2) montre *qu'on obtient le capital en multipliant* 100 *par l'intérêt et divisant le résultat par le produit du taux par le temps ;*

La formule (3), *qu'on obtient le taux en multipliant* 100 *par l'intérêt et divisant le résultat par le produit du capital par le temps ;*

La formule (4), *qu'on obtient le temps (en années) en multipliant* 100 *par l'intérêt et divisant le résultat par le produit du capital par le taux.*

Il ne faut pas perdre de vue que dans ces formules, *t* doit être remplacé par la valeur du temps exprimé en année : ainsi, si le capital est resté placé pendant 7 mois,

$$t = \frac{7}{12} ;$$ s'il est resté placé pendant 5 mois et 12 jours,

$$t = \frac{102}{360} \;(^*).$$

---

(*) Nous supposons ici chaque mois composé de 30 jours.

## ESCOMPTE.

**157. Définition.** — Lorsqu'une personne rembourse *un billet* (on nomme ainsi une promesse écrite de paiement d'une somme à une époque déterminée) avant son échéance, elle retient sur le montant de ce billet une certaine somme que l'on nomme *escompte*. Dans le commerce, cette somme n'est autre que les intérêts du montant du billet pendant le temps qui doit encore s'écouler jusqu'à l'époque de son échéance.

Il résulte de là que les questions relatives à l'escompte sont les mêmes que celles relatives à l'intérêt simple. Les formules du n° 156 peuvent donc servir à résoudre ces questions, $I$ représentant l'escompte, $a$ le montant du billet, $t$ le temps qui reste à courir jusqu'à l'échéance et $i$ le taux de l'intérêt.

Nous allons donner la résolution directe de quelques questions d'escompte.

**158. Problème I.** — *Escompter un billet de 1860 francs payable dans 3 mois, le taux de l'escompte étant 6 %.*

100 francs en 12 mois rapportent 6 francs ;

1 franc dans le même temps rapporte $\dfrac{6}{100}$ ;

1860 francs dans le même temps rapportent $\dfrac{6 \times 1860}{100}$ ;

1860 francs en 1 mois rapportent $\dfrac{6 \times 1860}{100 \times 12}$ ;

et 1860 francs en 3 mois rapportent $\dfrac{6 \times 1860 \times 3}{100 \times 12}$.

L'escompte vaudra donc $\dfrac{6 \times 1860 \times 3}{100 \times 12}$ et le porteur

recevra en échange de son billet une somme de 1860ᶠ —
$$\frac{6 \times 1860 \times 3}{100 \times 12} \text{ ou } 1832^f,10.$$

**159.** PROBLÈME II. — *Au bout de combien de temps
était payable un billet de 960 francs sur lequel on a
retenu un escompte de 14ᶠ,40, le taux étant 6 %?*

On retiendrait 6 francs sur un billet de 100 francs
payable dans 12 mois ;

On retiendrait 1 franc sur un billet de 100 francs
payable dans $\frac{12}{6}$ ;

On retiendrait 14ᶠ,40 sur un billet de 100 francs
payable dans

$$\frac{12 \times 14,40}{6} ;$$

On retiendrait 14ᶠ,40 sur un billet de 1 franc payable
dans

$$\frac{12 \times 14,40 \times 100}{6} ;$$

On retiendra 14ᶠ,40 sur un billet de 960 francs payable
dans

$$\frac{12 \times 14,40 \times 100}{6 \times 960}.$$

Le temps demandé est donc $\dfrac{12 \times 14,40 \times 100}{6 \times 960}$.

Effectuant, on trouve 3 mois.

**160.** PROBLÈME III. — *Un billet, payable dans 5 mois,
a été escompté à 5 % et l'on a remis 279 francs au porteur : quel était le montant du billet ?*

Ici 279 francs représentent la différence entre le mon-

tant du billet et ses intérêts à 5 % pendant 3 mois. —
On commencera par chercher ce que rapportent 100 francs
en 3 mois à 5 % : on trouve ainsi $\dfrac{5 \times 3}{12}$. On dira alors :

$100^f - \dfrac{5 \times 3}{12}$ est ce que recevrait le porteur d'un billet

de 100 francs payable dans 3 mois.

1 franc est ce que recevrait le porteur d'un billet de

$$\dfrac{100}{100 - \dfrac{5 \times 3}{12}}$$

payable dans 3 mois.

279 francs est la somme que recevra le porteur d'un
billet de

$$\dfrac{100 \times 279}{100 - \dfrac{5 \times 3}{12}}$$

payable dans 3 mois.

Effectuant, on trouve $282^f,53$ qui est le montant du
billet.

**161. Remarque.** — L'escompte commercial dont nous
venons de parler et que l'on nomme encore *escompte en
dehors* n'est pas équitable puisque la personne qui rembourse le billet perçoit les intérêts d'une somme plus
considérable que celle qu'elle remet au porteur du billet.
L'*escompte rationnel* consiste à chercher ce que vaut le
billet au moment où on le rembourse et à remettre cette
valeur au porteur. Or la valeur d'un billet à un moment
quelconque avant son échéance est celle d'un capital qui,
augmenté de ses intérêts pendant le temps qui reste à
courir jusqu'à l'échéance, deviendrait égal au montant
de ce billet. Lors donc qu'on voudra escompter ration-

nellement ou comme on dit encore « *en dedans* », le problème à résoudre sera semblable à celui que nous avons traité précédemment (155).

EXEMPLE. — *Escompter en dedans un billet de 1860 francs payable dans 3 mois, le taux de l'escompte étant 6 %.*

100 francs en 12 mois rapportent 6 francs ;

$$\text{en trois mois ils rapportent } \frac{6}{4} \text{ ou } 1^f,5o.$$

Donc un billet de $101^f,5o$ payable dans 3 mois vaut aujourd'hui 100 francs.

Par suite, un billet de 1 franc dans les mêmes conditions vaut aujourd'hui $\dfrac{100}{101,5o}$ et un billet de 1860 francs vaut $\dfrac{100 \times 1860}{101,5o}$.

Effectuant, on trouve $1832^f,51$. C'est donc cette somme que le porteur du billet devra recevoir en échange de son billet.

**162.** On nomme *valeur nominale* d'un billet le montant de ce billet, et *valeur actuelle*, celle qu'il possède au moment où on le présente à l'escompte. Ainsi, dans l'exemple qui précède, 1860 francs est la valeur nominale du billet et $1832^f,51$ est sa valeur actuelle.

En résumé, escompter *en dehors*, c'est retenir l'intérêt de la *valeur nominale* d'un billet, et escompter *en dedans*, c'est retenir l'intérêt de sa *valeur actuelle*.

**163.** Le mot *escompte* signifie quelquefois *remise*. Ainsi une personne qui achète pour 100 francs de marchandises en profitant d'un escompte de 3 % paie seulement 97 francs.

## RENTES SUR L'ÉTAT.

**164.** Lorsqu'un État contracte un emprunt, il remet aux souscripteurs en échange de leurs versements des *inscriptions* ou *titres de rente* par lesquels il s'engage à payer au possesseur du titre une rente annuelle dont la quotité dépend du versement effectué. — Ce paiement se fait à perpétuité : l'État qui émet des rentes n'est jamais obligé au remboursement de sa dette, tout en ayant le droit de l'opérer.

Les titres de rente sont des valeurs négociables et peuvent se transmettre d'un particulier à un autre par voie de vente ou d'achat. Leur prix est sujet à des variations : ainsi un titre de 100 francs de rente par exemple vaut une somme plus ou moins forte selon que les circonstances paraissent de nature à affermir ou ébranler le crédit de l'État.

Les rentes françaises sont le 3 %, le 4 %, le 4 $\frac{1}{2}$ % et le 5 %. On entend par *cours de la rente* le prix d'une inscription de 3ᶠ, 4ᶠ, 4ᶠ,50 ou 5ᶠ de rente suivant l'espèce de la rente dont il est question. — Ainsi, si à une certaine époque le cours de la rente 3 % est 57 francs, cela veut dire que l'on peut acheter à ce moment un titre de 3 francs de rente moyennant un capital de 57 francs. — On voit par là que le taux auquel on place son argent en achetant de la rente n'est pas celui qui sert à désigner cette rente, sauf dans le cas où elle est *au pair*, c'est-à-dire au cours de 100 francs.

Les questions relatives aux rentes sur l'État ne sont autres que des règles de trois. Nous allons en donner quelques exemples.

EXEMPLE I. — *Quel est le prix de 1700 francs de rente 3 % au cours de 57ᶠ,25 ?*

Le cours étant de $57^f,25$, on aura 3 francs de rente pour $57^f,25$ ; donc on aura 1 franc de rente pour $\dfrac{57,25}{3}$ et 1700 francs de rente pour

$$\frac{57,25 \times 1700}{3}.$$

Effectuant, on trouve $32441^f,67$.

EXEMPLE II. — *On a payé 5275 francs un titre de 250 francs de rente 3 %* : *à quel cours a-t-on acheté?*

Puisqu'on a payé 5275 francs un titre de 250 francs de rente, on paierait $\dfrac{5275}{250}$ pour 1 franc de rente et par suite, le prix de 3 francs de rente, c'est-à-dire le cours auquel on a acheté est

$$\frac{5275 \times 3}{250}.$$

Effectuant, on trouve $63^f,30$.

EXEMPLE III. — *A quel taux place-t-on son argent en achetant de la rente 5 %* *au cours de* $91^f,25$ ?

Puisque pour $91^f,25$ on a 5 francs de rente, pour 1 franc on aura $\dfrac{5}{91,25}$ et pour 100 francs,

$$\frac{5 \times 100}{91,25}.$$

Effectuant, on trouve $5^f,48$ par excès.

EXEMPLE IV. — *Combien aura-t-on de rentes 5 %* *au cours de 95 francs pour 26600 francs?*

Si l'on a 5 francs de rente pour 95 francs, pour 1 franc on aura $\dfrac{5}{95}$ , et pour 26600 francs on aura :

$$\frac{5 \times 26600}{95}.$$

Effectuant, on trouve 1400 francs.

## PARTAGES PROPORTIONNELS.

**165.** PROBLÈME I. — *Partager le nombre 875 en parties proportionnelles à des nombres donnés* 5, 9, 11.

En appelant $x$, $y$, $z$ les parties demandées, on doit
avoir :

$$\frac{x}{5} = \frac{y}{9} = \frac{z}{11}.$$

On en tire (128),

$$\frac{x + y + z}{5 + 9 + 11} = \frac{x}{5} = \frac{y}{9} = \frac{z}{11}.$$

or

$$x + y + z = 875,$$

donc :

$$x = \frac{875 \times 5}{5 + 9 + 11}, \quad y = \frac{875 \times 9}{5 + 9 + 11}, \quad z = \frac{875 \times 11}{5 + 9 + 11}.$$

On peut encore résoudre le problème comme il suit :

Si la somme à partager était égale à $5 + 9 + 11$, les
parts seraient 5, 9, 11.

Si elle était égale à 1, les parts seraient

$$\frac{5}{5 + 9 + 11}, \quad \frac{9}{5 + 9 + 11}, \quad \frac{11}{5 + 9 + 11}.$$

Or, elle est égale à 875, donc les parts seront

$$\frac{875 \times 5}{5 + 9 + 11}, \quad \frac{875 \times 9}{5 + 9 + 11}, \quad \frac{875 \times 11}{5 + 9 + 11}.$$

Effectuant, on trouve 175, 315, 585 pour les parts demandées.

On voit ainsi que *pour former les parties demandées il faut multiplier le nombre donné successivement par les nombres auxquels ces parties doivent être proportionnelles et diviser les produits par la somme de ces nombres.*

REMARQUE. — Lorsque les nombres donnés sont des fractions, on les réduit au même dénominateur et l'on partage le nombre donné proportionnellement aux numérateurs des fractions ainsi obtenues.

EXEMPLE. — *Partager 275 en parties proportionnelles aux nombres*

$$\frac{3}{4}, \quad \frac{5}{12}, \quad \frac{7}{20}.$$

Les fractions proposées réduites au même dénominateur deviennent

$$\frac{45}{60} \quad \frac{25}{60} \quad \frac{21}{60},$$

Ces nombres sont évidemment entre eux dans le même rapport que leurs numérateurs ; la question revient donc à partager 275 en parties proportionnelles aux nombres entiers 45, 25, 21. On a, par suite, en nommant $x, y, z$ les parts demandées :

$$x = \frac{275 \times 45}{91}, \quad y = \frac{275 \times 25}{91}, \quad z = \frac{275 \times 21}{91}.$$

Effectuant, il vient :

$$x = 155, \quad y = 75, \quad z = 63.$$

**166.** PROBLÈME II. — *Partager 500 francs entre*

3 personnes de manière que la part de la première per-sonne soit les $\frac{3}{5}$ de la part de la seconde, et que la part de la seconde soit les $\frac{6}{7}$ de la part de la troisième.

Si la part de la troisième personne était 1, celle de la seconde serait $\frac{6}{7}$ et celle de la première $\frac{6}{7} \times \frac{3}{5}$ ou $\frac{18}{35}$.
La question revient donc à partager 500 en parties pro-portionnelles à $\frac{18}{35}$, $\frac{6}{7}$ et 1 ou à $\frac{18}{35}$, $\frac{30}{35}$ et $\frac{35}{35}$; ou enfin à 18, 30 et 35.

Les parts seront par suite

$$\frac{500 \times 18}{18 + 30 + 35}, \qquad \frac{500 \times 30}{18 + 30 + 35}, \qquad \frac{500 \times 35}{18 + 30 + 35}.$$

Effectuant, on trouve $108^f,43$ ; $180^f,72$ et $210^f,84$.

## RÈGLES DE SOCIÉTÉ.

**167. Définition.** — Les règles de société ont pour but de répartir entre des associés le bénéfice résultant de leur association, proportionnellement à leurs mises. Ces règles ne sont donc autres que des questions de partages proportionnels.

**168. PROBLÈME.** — *Trois personnes ont mis en com-mun la 1<sup>re</sup> 3000 francs, la 2<sup>e</sup> 4500 francs et la 3<sup>e</sup> 5600 francs. Elles ont fait un bénéfice de 9500 francs, quelle est la part qui revient à chacune ?*
La question se réduit à partager 9500 francs en parties proportionnelles aux nombres 3000, 4500, 5600, ou ce qui

revient au même, aux nombres de 3o, 45, 56. Les parts demandées sont donc :

$$\frac{9500 \times 30}{30 + 45 + 56} = 2175^f,57,$$

$$\frac{9500 \times 45}{30 + 45 + 56} = 3263^f,56,$$

$$\frac{9500 \times 56}{30 + 45 + 56} = 4061^f,07.$$

## MÉLANGES.

**169.** PROBLÈME I. — *On mélange* 10 *litres de vin valant* 0^f,80 *le litre,* 20 *litres valant* 1^f,50 *et* 30 *litres valant* 1^f,10 *le litre : quel est le prix du litre du mélange ?*

Les 10 litres à 0^f,80 le litre valent   0,80 × 10,
Les 20 litres à 1^f,10        —          1,10 × 20,
Les 3o litres à 1^f,40        —          1,40 × 3o.

Donc les 10 + 20 + 3o litres composant le mélange valent

$$0,80 \times 10 + 1,10 \times 20 + 1,40 \times 30,$$

Et le litre du mélange vaut

$$\frac{0,80 \times 10 + 1,10 \times 20 + 1,40 \times 30}{10 + 20 + 30} = 1^f,20.$$

*Il faut donc* pour résoudre le problème *additionner les produits des nombres de litres par les prix correspondants et diviser le résultat par le nombre total des litres mélangés.*

**170.** PROBLÈME II. — *Dans quel rapport faut-il mélanger des vins à* 0^f,90 *et à* 1^f,50 *le litre, pour que le litre de mélange coûte* 1^f,15 ?

En vendant $1^f,15$ le litre qui coûte $1^f,30$ on perd $1^f,30 — 1^f,15$ ou $0^f,15$; en vendant $1^f,15$ le litre qui coûte $0^f,90$ on gagne $1^f,15 — 0^f,90$ ou $0^f,25$. Donc pour que le gain compense la perte, il faut prendre des nombres $x$ et $y$ de litres des vins de l'une et l'autre espèce tels que l'on ait :

$$x \times 0,15 = y \times 0,25$$

d'où

$$\frac{x}{y} = \frac{0,25}{0,15} = \frac{5}{3}.$$

**171.** PROBLÈME III. — *Former* 1400 *litres de vin à* $0^f,90$ *le litre avec des vins à* $0^f,75$ *et à* $1^f,10$ *le litre.*

Sur chaque litre à $0^f,75$ que l'on vendra $0^f,90$, on gagnera $0^f,90 — 0^f,75$ ou $0^f,15$.

Sur chaque litre à $1^f,10$ que l'on vendra $0^f,90$, on perdra $1^f,10 — 0^f,90$ ou $0^f,20$.

Donc pour que le gain compense la perte, on devra prendre des nombres de litres $x$ et $y$ des vins de chaque espèce tels que l'on ait :

$$x \times 0,15 = y \times 0,20$$

d'où

$$\frac{x}{y} = \frac{0,20}{0,15} = \frac{4}{3}.$$

Partageant maintenant 1400 en parties proportionnelles à 4 et 3, on trouve qu'on devra prendre :

$$\frac{1400 \times 4}{4+3}$$ ou 800 litres de vin à $0^f,90$

et

$$\frac{1400 \times 3}{4+3}$$ ou 600 litres de vin à $1^f,10$.

## ALLIAGES.

**172. Définition.** — On nomme *titre* d'un lingot le rapport du poids du métal précieux (or ou argent) qu'il renferme au poids total du lingot.

**173.** PROBLÈME I. — *On fond ensemble trois lingots d'or pesant respectivement* 2, 3 *et* 7 *kilogrammes; le titre du premier est* 0,900, *celui du second* 0,855 *et celui du troisième* 0,800. *Trouver le titre de l'alliage résultant.*

Le premier lingot renferme un poids d'or égal à $2 \times 0,900$, car d'après la définition du titre, on a pour ce lingot:

$$0,900 = \frac{\text{Poids or}}{2}, \text{ d'où Poids or} = 2 \times 0,900.$$

De même le poids d'or renfermé dans le second lingot est égal à $3 \times 0,855$ et celui renfermé dans le troisième lingot est $7 \times 0,800$.

Le lingot résultant de la réunion des trois lingots donnés renferme donc un poids d'or égal à

$$2 \times 0,900 + 3 \times 0,855 + 7 \times 0,800$$

et de plus, il pèse $2 + 3 + 7$ ou 12 kilogr.

Son titre est donc égal à

$$\frac{2 \times 0,900 + 3 \times 0,855 + 7 \times 0,800}{12}.$$

Effectuant, on trouve 0,830.

On voit par cet exemple que pour obtenir le titre demandé, *il faut additionner les produits des poids des lingots par leurs titres respectifs et diviser la somme obtenue par la somme des poids des lingots alliés.*

**174.** PROBLÈME II. — *Dans quelle proportion faut-il*

*allier de l'or au titre de* 0,950 *avec de l'or au titre de* 0,850 *pour former un alliage au titre de* 0,900.

Chaque gramme d'or au titre de 0,950 contient en trop 0,950 — 0,900 ou 0,050 d'or par rapport au titre voulu ; d'autre part, chaque gramme d'or au titre de 0,850 contient en moins 0,900 — 0,850 ou 0,050 d'or par rapport au titre voulu. Il faut donc pour qu'il y ait compensation prendre des poids $x$ et $y$ de l'un et l'autre lingot tels que l'on ait

$$x \times 0,050 = y \times 0,050,$$

d'où

$$\frac{x}{y} = \frac{0,050}{0,050} = \frac{5}{3}.$$

Le rapport demandé est donc $\frac{5}{3}$, c'est-à-dire que 8 grammes du lingot demandé devront être formés de 5 grammes du premier lingot pour 3 du second.

**175.** Problème III. — *Former* 600 *grammes d'or au titre de* 0,900 *avec de l'or au titre de* 0,935, *et de l'or au titre de* 0,875.

Chaque gramme d'or au titre de 0,935 contient 0,035 d'or en trop par rapport au titre de 0,900 ; d'un autre côté, il manque à chaque gramme d'or au titre de 0,875, 0,025 d'or pour arriver au titre de 0,900. Donc pour qu'il y ait compensation, on devra prendre des nombres de grammes $x$ et $y$ des deux lingots tels que l'on ait :

$$x \times 0,035 = y \times 0,025,$$

d'où

$$\frac{x}{y} = \frac{0,025}{0,035} + \frac{5}{7}.$$

Il reste à partager 6oo en parties proportionnelles à 5 et 7. On trouve ainsi que l'on devra prendre :

$$\frac{600 \times 5}{5 + 7}$$ ou 25o grammes d'or au titre de o.955

et

$$\frac{600 \times 7}{5 + 7}$$ ou 35o grammes d'or au titre de o,875.

**176.** Problème IV. — *Combien faut-il ajouter de cuivre à 63o grammes d'or au titre de o,955 pour que le titre de l'alliage résultant soit égal à o,900 ?*

Les 63o grammes contiennent par rapport au titre de o,900, une quantité d'or en excès égale à 63o $\times$ o,035. — D'autre part, le titre du cuivre par rapport à l'or est égal à zéro : donc si l'on prend $x$ grammes de cuivre, il leur manquera $x \times$ o,900 pour arriver au titre voulu. On devra donc avoir :

$$630 \times 0,035 = x \times 0,900,$$

d'où

$$x = \frac{630 \times 0,035}{0,900} = 24^{gr}.5o.$$

**177.** Problème V. — *Combien faut-il ajouter d'argent pur à un lingot au titre de o,865 pesant 72o grammes pour que le titre de ce lingot devienne o,900 ?*

Pour arriver au titre voulu, il manque aux 72o grammes du lingot une quantité d'argent égale à 72o $\times$ o,025. — D'un autre côté, le titre de l'argent pur étant égal à 1, si l'on prend $x$ grammes d'argent pur, ils renfermeront en excès $x \times$ o,1oo par rapport au titre de o,900. Il faudra donc que l'on ait :

$$720 \times 0,025 = x \times 0,100,$$

d'où

$$x = \frac{720 \times 0,025}{0,100} = 180 \text{ grammes.}$$

8.

# EXERCICES

NOMBRES ENTIERS.

**1**. La somme de deux nombres est égale à 5o et leur différence est égale à 12 : trouver chacun de ces deux nombres.

**2**. En multipliant le nombre 517 par un certain nombre A, le produit est égal au multiplicande augmenté de 2o68 unités : trouver le nombre A.

**3**. Partager 85ooo francs entre quatre personnes de telle sorte que la première ait 4 fois plus que la seconde, la seconde 4 fois plus que la troisième, et celle-ci quatre fois plus que la dernière.

**4**. Partager 1ooo francs entre trois personnes de telle sorte que la première ait 10 francs de plus que la seconde, et celle-ci 12o francs de plus que la troisième

**5**. On partage une certaine somme d'argent entre trois personnes A, B, C :

la somme des parts de A et B = 425 francs,
celle des parts de A et C = 51o francs,
et celle des parts de B et C = 811 francs.

Trouver la valeur de la somme partagée et la part qu'a reçue chaque personne.

**6.** Trouver deux nombres sachant que leur somme vaut 852 et que leur quotient est égal à 11.

**7.** La somme de deux nombres est égale à 294 ; en divisant le plus grand par le plus petit, on trouve pour quotient 16 et pour reste 5 : trouver ces deux nombres.

**8.** La différence de deux nombres est égale à 186 ; en divisant le plus grand par le plus petit, on trouve pour quotient 5 et pour reste 18 : trouver ces deux nombres.

**9.** Trouver deux nombres connaissant leur somme 215 et sachant que le plus grand est égal à trois fois leur différence.

**10.** On a divisé 1128 par un certain nombre ; on a trouvé 19 pour quotient et 45 pour reste : trouver ce nombre.

**11.** On a payé une somme de 1350 francs avec 300 pièces de 5 fr. et de 2 fr. : combien a-t-on donné de pièces de chaque espèce ?

**12.** Un père a 27 ans de plus que son fils ; dans 5 ans son âge sera quadruple de celui de son fils : trouver l'âge actuel du père et celui du fils.

**13.** Un père a 40 ans et son fils en a 13 : combien y a-t-il d'années que l'âge du père a été le quadruple de l'âge du fils ?

**14.** Deux mobiles partent de deux points A et B situés aux extrémités d'une droite AB ayant 495 mètres de longueur et marchent uniformément, en allant l'un vers l'autre. Le premier a une vitesse de 16 mètres et le second une vitesse de 17 mètres par seconde. Au bout de combien de temps et à quelle distance des deux points de départ se rencontreront-ils.

**15.** Deux mobiles partent de deux points A et B situés sur une même droite et se dirigent dans le même sens. La distance AB est de 500 kilomètres ; le mobile qui part du point A fait 10 kilomètres par heure et celui qui part du point B en fait 6. En supposant que celui-ci est parti 2 heures après le premier, on demande à quelle distance des deux points de départ aura lieu la rencontre des mobiles.

**16.** Deux ouvriers travaillent ensemble : pour 7 journées de travail du premier et 3 du second ils reçoivent 47 francs, et pour 21 journées de travail du premier et 13 du second ils reçoivent 157 francs : quel est le prix de la journée de travail de l'un et l'autre ouvrier ?

**17.** Une personne veut faire fabriquer 720 objets de la même espèce ; un ouvrier peut les fabriquer en 18 jours, un second en 24 jours, un troisième en 36 jours : combien de temps les trois ouvriers mettront-ils à fabriquer les 720 objets s'ils travaillent ensemble.

**18.** Un bassin a une capacité de 210 hectolitres ; une fontaine peut le remplir en 14 heures, une seconde fontaine peut le remplir en 15 heures et une troisième en 35 heures : combien de temps les trois fontaines coulant ensemble mettront-elles pour remplir le bassin ?

**19.** 30 objets de deux espèces valent, les uns chacun 3 francs, les autres chacun 4 francs. Le prix de ces 30 objets réunis est 98 francs : combien y a-t-il d'objets de chaque espèce ?

**20.** Deux nombres sont tels que si l'on retranche une unité au plus grand pour l'ajouter au plus petit, ils deviennent égaux, et que si l'on retranche une unité au plus petit pour l'ajouter au plus grand, ce dernier devient égal au double de l'autre : trouver ces deux nombres.

**21.** Trouver le plus grand nombre qui donne pour reste 7, lorsqu'il divise 151 et 3 lorsqu'il divise 43.

**22.** Sur une route sont placées des bornes distantes l'une de l'autre de 1000 mètres, puis à partir de l'une d'elles, des poteaux distants les uns des autres de 84 mètres et des arbres espacés entre eux de 6 mètres : quelle est la plus petite distance à partir de cette borne à laquelle on rencontrera ensemble une borne, un poteau et un arbre.

**23.** Une somme d'argent inférieure à 2500 francs est composée de pièces de 5 francs ; déterminer sa valeur sachant que si l'on compte les pièces 12 à 12, 18 à 18, 45 à 45, il en reste toujours 3, tandis qu'il n'en reste pas lorsqu'on les compte 11 à 11.

### FRACTIONS ORDINAIRES ET DÉCIMALES.

**24.** Trouver un nombre sachant que la moitié, le tiers et le douzième de ce nombre valent ensemble 132.

**25.** Trouver un nombre sachant que ses $\frac{2}{3}$ surpassent ses $\frac{5}{24}$ de 33.

**26.** Un ouvrier ferait seul un ouvrage en 10 jours ; un second ouvrier le ferait seul en 12 jours et un troisième en 15 jours. En combien de jours les trois ouvriers feront-ils l'ouvrage s'ils travaillent ensemble ?

**27.** Un ouvrier fait un travail en 2 jours $\frac{1}{2}$, un second ouvrier fait le même travail en 2 jours $\frac{2}{5}$ et un troisième en 4 jours $\frac{4}{5}$. Ceci posé, on demande en combien de temps les trois ouvriers feront l'ouvrage en travaillant ensemble.

**28.** Une fontaine remplit un bassin en 1 heure $\frac{3}{4}$, une seconde fontaine le remplit en 2 heures $\frac{1}{2}$ et une soupape le vide en 10 heures. Ceci posé, on demande en combien de temps le bassin sera rempli si l'on ouvre en même temps les deux fontaines et la soupape.

**29.** Une personne laisse en mourant la moitié de son bien à une première personne, le tiers à une seconde, le dixième à une troisième et 4800 francs qui restent, à une quatrième personne. Ceci posé, on demande de trouver la valeur totale de l'héritage.

**30.** On a dans un vase un mélange de 5 litres d'eau et de 7 litres de vin ; on retire deux litres de mélange : quelles sont les quantités d'eau et de vin qui restent dans le vase ?

**31.** On a 350 kilogrammes d'eau salée qui contiennent 8 pour cent de sel : on y fait dissoudre 6 kilogrammes de sel : combien le nouveau liquide contiendra-t-il pour cent de sel ?

**32.** Une personne perd les $\frac{3}{7}$ de sa fortune, puis les $\frac{5}{9}$ du reste, puis encore les $\frac{5}{8}$ du nouveau reste, et il lui reste 1000 francs : quelle était sa fortune ?

**33.** Par quel nombre faut-il multiplier le nombre 120 pour le diminuer de ses $\frac{5}{8}$ ?

**34.** Trouver un nombre qui surpasse ses $\dfrac{3}{7}$ de 84.

**35.** Trouver deux nombres sachant que leur somme est égale à 40 et que le plus grand surpasse le plus petit des $\dfrac{2}{3}$ de ce dernier.

**36.** Trouver deux nombres sachant que leur somme est égale à 15 et que le second est les $\dfrac{2}{3}$ des $\dfrac{3}{8}$ du premier.

**37.** Trouver deux nombres sachant que leur différence est égale à 80 et que le plus petit est égal au plus grand diminué de ses $\dfrac{4}{7}$.

**38.** Un joueur a perdu les $\dfrac{3}{4}$ des $\dfrac{5}{7}$ de ce qu'il possédait et il lui reste 78 francs; quelle somme possédait-il en se mettant au jeu?

**39.** Un joueur perd les $\dfrac{7}{15}$ de ce qu'il possède, regagne ensuite les $\dfrac{11}{12}$ de ce qui lui restait et se retire avec 920 francs: que possédait-il en se mettant au jeu?

**40.** Partager 17000 francs entre trois personnes de telle sorte que la part de la première soit égale à deux fois $\dfrac{1}{2}$ la part de la seconde et à trois fois $\dfrac{1}{3}$ la part de la troisième.

**41.** Les $\dfrac{5}{8}$ d'une pièce d'étoffe valent 75 francs: que valent les $\dfrac{2}{3}$ de la même pièce?

**42**. On a soudé deux barres l'une de fer, l'autre de cuivre ; les $\frac{5}{7}$ de la longueur totale sont en fer et la partie en cuivre a 8 mètres de longueur : quelle est la longueur de la partie en fer?

**43**. Trouver le prix d'un objet sachant qu'il surpasse de 35 francs les $\frac{3}{4}$ des $\frac{5}{7}$ des $\frac{14}{45}$ de sa valeur.

**44**. Une fontaine donne 25 litres d'eau en 14 minutes ; une autre fontaine donne 41 litres en 21 minutes : quelle est la fontaine qui donne le plus d'eau dans le même temps? — Au bout de combien de temps la fontaine qui coule le plus vite aura-t-elle donné 100 litres de plus que l'autre?

**45**. Un négociant augmente sa fortune au bout d'une année du quart de ce qu'elle était au commencement de l'année ; au bout de la deuxième année il l'augmente du cinquième de ce qu'elle était au commencement de cette deuxième année; au bout de la troisième année il l'augmente du sixième de ce qu'elle était au commencement de cette troisième année : déterminer ce qu'était sa fortune à l'origine de la première année, sachant qu'au bout des trois ans elle s'élève à 280000 francs.

**46**. Un vase contient 50 litres d'un mélange d'eau et de vin renfermant 32 litres de vin et 18 litres d'eau ; on enlève 10 litres de mélange que l'on remplace par 10 litres d'eau : ceci posé, on demande quelles seront les quantités d'eau et de vin composant le nouveau mélange.

**47**. Une personne achète trois objets qu'elle paie chacun le même prix ; elle vend ces trois objets en faisant sur le premier un bénéfice des $\frac{2}{5}$ de sa valeur, sur le second un bénéfice des $\dfrac{7}{12}$ de sa valeur et sur le troisième une perte des $\dfrac{3}{8}$ de sa valeur ; il lui reste un bénéfice de 70 francs : quel prix a-t-elle payé chacun des trois objets?

**48.** On mélange 12 litres de vin contenant $\dfrac{1}{5}$ d'eau avec 17 litres de vin contenant $\dfrac{1}{7}$ d'eau : quelle est la quantité d'eau entrant dans le mélange?

**49.** Une balle élastique rebondit aux $\dfrac{3}{5}$ de la hauteur à laquelle elle est tombée ; après avoir rebondi trois fois, elle s'élève à $1^m,35$ de hauteur : de quelle hauteur est-elle tombée la première fois ?

**50.** On a acheté des objets en payant 3 francs pour 11 d'entre eux, et on les a vendus à raison de 5 francs la douzaine ; on a ainsi gagné 38 francs : combien a-t-on vendu de ces objets?

**51.** On a payé deux objets 5800 francs ; le prix du premier est égal au triple du prix du second, plus les $\dfrac{5}{6}$ de ce prix : quel est le prix de chaque objet ?

**52.** On achète un objet que l'on vend 951 francs en faisant un bénéfice de 35 pour cent sur le prix d'achat : trouver le prix d'achat.

**53.** On vend un objet 574 francs en perdant 18 pour cent sur le prix d'achat : trouver le prix d'achat.

**54.** Une montre marque midi : déterminer les heures de rencontre des deux aiguilles de midi à minuit.

**55.** Une montre marque midi : à quelle heure aura

J. DUFAILLY.                                              9

lieu la première rencontre des deux aiguilles si l'on suppose que celle des minutes tourne en sens contraire de celle des heures?

**56.** Trouver un nombre sachant que si on le diminue de 13 unités le résultat n'est plus que les $\frac{3}{4}$ des $\frac{5}{7}$ du nombre.

**57.** Partager la fraction $\frac{2}{5}$ en deux parties telles que le quotient de la première partie par la seconde soit égal à $\frac{4}{7}$.

**58.** Partager le nombre 490 en trois parties telles que les $\frac{2}{5}$ de la première, les $\frac{3}{4}$ de la seconde et les $\frac{4}{5}$ de la troisième soient égaux.

**59.** Trouver un nombre tel que si on lui ajoute 10 unités, le résultat soit égal aux $\frac{2}{5}$ du nombre augmenté de ses $\frac{4}{7}$.

**60.** Les $\frac{2}{5}$ des $\frac{4}{5}$ d'un nombre valent ce nombre diminué de 140 : quel est ce nombre ?

**61.** On prend les $\frac{3}{5}$ d'un nombre, les $\frac{3}{5}$ du reste et encore les $\frac{3}{5}$ du nouveau reste ; le résultat est égal aux $\frac{2}{5}$ du nombre augmentés de 67 : quel est le nombre ?

**62.** Deux personnes ont perdu : la première les $\frac{7}{11}$

de sa fortune et la seconde les $\frac{4}{5}$ de la sienne. La première personne, qui possédait à l'origine 500 francs de plus que la seconde, se trouve avoir 1000 francs de plus que celle-ci : trouver ce qu'était la fortune de chacune des deux personnes.

**63.** Une personne interrogée sur son âge répond : si j'avais 20 ans de moins, mon âge serait les $\frac{7}{12}$ de ce qu'il est actuellement : trouver l'âge de la personne.

**64.** Une personne interrogée sur son âge répond: si vous ajoutez 10 ans aux $\frac{2}{3}$ des $\frac{3}{5}$ des $\frac{5}{12}$ de mon âge vous obtiendrez comme résultat l'âge que j'avais il y a 10 ans: trouver l'âge de la personne.

**65.** Une montre marque 2 heures 47 minutes : à quelle division du cadran se trouve la petite aiguille?

**66.** Un courrier fait 27 lieues en 8 heures ; un second courrier partant du même point en fait 21 en 6 heures : à quelle distance se trouveront-ils l'un de l'autre 40 heures $\frac{2}{3}$ après le départ du premier, en supposant que le second est parti 3 heures $\frac{1}{4}$ après lui ?

**67.** Une montre avance chaque jour de 5 minutes 12 secondes, on suppose qu'elle marque exactement l'heure au moment actuel et l'on demande au bout de combien de temps elle marquera de nouveau l'heure exacte.

**68.** Trouver l'angle que forment entre elles les aiguilles d'une montre lorsqu'il est 4 heures 35 minutes.

**69.** Une fontaine débite 3 hectolitres, 7 litres, 8 centilitres d'eau en 2 heures, 25 minutes, 12 secondes : combien de temps mettra-t-elle pour remplir un bassin ayant 18 mètres cubes, 5 décimètres cubes de capacité ?

**70.** Quelle est la valeur d'une somme d'argent qui pèse autant que 28 centilitres d'eau distillée à 4 degrés ?

**71.** Cent kilogrammes d'eau salée contiennent 522 grammes de sel ; on ajoute au mélange 50 kilogrammes d'eau douce : combien 25 hectogrammes du nouveau mélange contiendront-ils de sel ?

**72.** Deux mobiles partant du même point se meuvent sur une circonférence en allant l'un vers l'autre. Le premier mobile parcourt un arc de 10°52′ par heure et le second un arc de 13°25′ par heure : au bout de combien de temps les deux mobiles se rencontreront-ils ?

**73.** Calculer en degrés, minutes et secondes le chemin parcouru par un astre en 4 heures, 25 minutes, 12 secondes, sachant que l'astre parcourt 15 degrés en une heure.

**74.** Évaluer les 0,517 d'une circonférence en degrés, minutes et secondes.

**75.** Évaluer les $\frac{5}{7}$ des $\frac{11}{13}$ du quart d'une circonférence en degrés, minutes et secondes.

**76.** Calculer en litres la capacité d'un vase sachant que vide il pèse 25 décagrammes et que plein d'eau distillée à 4 degrés, il pèse 1 kilogramme.

**77.** Évaluer en mètres cubes la capacité d'un bassin qui contient lorsqu'il est plein 528 hectolitres 7 litres d'eau.

**78.** Un certain liquide coûte 8 francs les 100 litres :

combien coûteront 25 kilogrammes de ce liquide sachant qu'un kilogramme occupe un volume de 95 centilitres ?

**79.** Quel est le poids de l'argent pur qui existe dans 20000 francs en pièces de un franc ?

**80.** Quel est le poids de l'argent pur qui existe dans 20000 francs en pièces de cinq francs?

**81.** Calculer le poids de la pièce de 20 francs en or sachant qu'à poids égal, la monnaie d'or vaut 15 fois et demie plus que la monnaie d'argent.

**82.** On place dans l'un des plateaux d'une balance une somme de 250 francs en argent et dans l'autre plateau un vase pesant 100 grammes : combien faut-il verser dans ce vase de centilitres d'eau distillée à 4 degrés pour établir l'équilibre ?

**83.** Évaluer en tonnes le poids de un million en monnaie d'argent.

**84.** Trouver le poids de un million en monnaie d'or.

**85.** On paie 0$^f$,08 pour transporter 100 kilogrammes d'une certaine marchandise à un kilomètre de distance : que coûtera le transport de 18 tonnes de cette marchandise à 12 myriamètres de distance?

**86.** Une pile de pièces de 5 francs en argent a 75 centimètres de hauteur et l'épaisseur de chaque pièce est égal à 2 millimètres $\frac{1}{2}$ : quelle est la valeur de la somme d'argent représentée par cette pile ?

**87.** Sachant que l'aire d'un rectangle s'obtient en multipliant sa base par sa hauteur, on demande d'exprimer en hectares, ares et centiares la surface d'un champ de forme rectangulaire ayant pour base 2 hectomètres, 5 mètres et pour hauteur 7 décamètres, 8 décimètres.

**88.** Exprimer en jours, heures, minutes et secondes les $\frac{5}{27}$ d'une année commune.

**89.** Exprimer en jours, heures, minutes et secondes les 0,745 d'une année bissextile.

**90.** Prendre les $\frac{5}{11}$ de 10 heures, 25 minutes, 17 secondes.

**91.** Un arc de cercle renferme 20°42′45″ : trouver le nombre de degrés, minutes et secondes renfermés dans un arc qui est les $\frac{7}{10}$ du premier.

**92.** Une fontaine verse dans un réservoir 324 litres 7 centilitres d'eau par minute ; le bassin est rempli en 3 heures $\frac{1}{4}$ : quelle est sa capacité en mètres cubes ?

**93.** Un mobile fait le tour d'une circonférence en 2 heures, 50 minutes, 30 secondes : combien de temps met-il pour parcourir 1 degré, 15 minutes, 20 secondes ?

**94.** Deux vases pesant respectivement 100 et 150 grammes sont placés dans les plateaux d'une balance. Si l'on remplit le premier d'eau distillée à moitié il fait équilibre au second, mais si on le remplit entièrement il faut pour rétablir l'équilibre remplir d'eau distillée le second vase au tiers : ceci posé, on demande d'exprimer en litres la capacité de l'un et l'autre vase.

RÈGLES DE TROIS, D'INTÉRÊT, ETC.

**95.** On achète un objet 827 francs et on le revend 909ᶠ,70 : que gagne-t-on pour cent ?

**96.** Un marchand gagne 20 pour cent sur la vente qu'il opère ; il a vendu en un mois pour 2740$^f$,20 : combien a-t-il gagné ?

**97.** 42 mètres d'étoffe coûtent 210 francs : combien doit-on vendre 57 mètres de la même étoffe pour faire un bénéfice de 2$^f$,45 par mètre ?

**98.** Il a fallu 108 mètres d'étoffe ayant 1$^m$,25 de largeur pour tendre un appartement ; combien en aurait-il fallu de mètres si la largeur eut été de 1$^m$,80 ?

**99.** 4 litres 50 centilitres de vin coûtent 3$^f$,75 : que coûteront 10 pièces de ce vin, chacune de ces pièces contenant 2 hectolitres, 25 litres ?

**100.** Un navire a des vivres pour 15 jours, mais il doit tenir la mer pendant 22 jours : à combien doit-on réduire la ration de 500 grammes de biscuit ?

**101.** Un navire a 50 hommes d'équipage qui reçoivent chaque jour 700 grammes de biscuit chacun : le navire recueille 12 naufragés : à combien doit-on réduire la ration de chaque homme ?

**102.** Un navire a 53 hommes d'équipage ; il reçoit des naufragés et la ration qui était de 600 grammes de biscuit par homme est réduite à 550 grammes : combien le navire a-t-il reçu de naufragés ?

**103.** Une citadelle renferme 1800 hommes qui ont des vivres pour 6 mois ; combien faut-il faire sortir d'hommes pour que les vivres puissent durer 8 mois ?

**104.** Une citadelle renferme 1200 hommes qui reçoivent chacun par jour 840 grammes de pain ; on y introduit un certain nombre d'hommes tel qu'il faut réduire la ration à 700 grammes : quel nombre d'hommes a-t-on fait entrer dans la citadelle ?

**105.** 12 pièces d'étoffe ayant chacune 20 mètres de longueur et 0<sup>m</sup>,80 de largeur ont coûté 758 francs : combien coûteront 18 pièces de la même étoffe ayant chacune 28 mètres de longueur et 0<sup>m</sup>,85 de largeur ?

**106.** Un mobile a parcouru 372 kilomètres en marchant 10 heures par jour pendant 8 jours : combien ce mobile parcourrait-il de kilomètres en marchant 9 heures par jour pendant 15 jours?

**107.** On a payé 800 francs à 12 ouvriers qui ont travaillé 8 heures par jour pendant 14 jours : quel prix aurait-on à payer à 15 ouvriers qui travailleraient 7 heures par jour pendant 11 jours?

**108.** Une même surface peut être recouverte en employant 12 pièces d'étoffe ayant chacune 25<sup>m</sup>,50 de longueur et 0<sup>m</sup>,65 de largeur, ou en employant 15 pièces d'étoffe ayant chacune 18<sup>m</sup>,50 de longueur ; quelle est la largeur de ces dernières pièces ?

**109.** 25 ouvriers travaillant 12 jours et 9 heures par jour ont fait 225 mètres d'ouvrage : combien faudra-t-il d'ouvriers travaillant 10 jours et 7 heures par jour pour faire 175 mètres du même ouvrage?

**110.** 18 ouvriers travaillant 10 jours $\frac{1}{2}$ et 8 heures $\frac{1}{4}$ par jour ont fait 200 mètres d'ouvrage : combien 24 ouvriers travaillant 10 heures $\frac{1}{2}$ par jour mettront-ils de jour pour faire 525 mètres du même ouvrage ?

**111.** 40 ouvriers travaillant 15 jours et 8 heures par jour ont gagné 750 francs : combien d'heures par jour ont travaillé 48 ouvriers qui en 12 jours ont gagné 720 francs ?

**112.** 5 personnes sont restées pendant 18 jours dans un hôtel et ont dépensé 675 francs ; 4 personnes ont dépensé dans les mêmes conditions 900 francs : pendant combien de jours sont-elles restées dans l'hôtel ?

**113.** 25 ouvriers travaillant 18 jours et 10 heures par jour ont creusé un fossé long de 100 mètres, large de $3^m,5o$ et profond de $o^m,75$ : 48 ouvriers travaillant 12 jours et 9 heures par jour ont creusé dans les mêmes conditions un fossé large de 4 mètres et profond de $1^m,25$ : quelle est la longueur de ce fossé ?

**114.** Trouver le prix auquel on a acheté un objet sachant qu'en revendant cet objet moyennant 840 francs, on a fait un bénéfice de 40 pour cent (40 %) sur le prix d'achat.

**115.** Trouver l'intérêt rapporté par une somme de 6420 francs placée pendant 1 an et 15 jours au taux de 5,25 pour cent.

**116.** Quel est le capital qui placé à 6 % a rapporté $185^f,5o$ en 7 mois ?

**117.** A quel taux était placé un capital de 8400 francs qui en 3 ans 4 mois a rapporté 1400 francs ?

**118.** Pendant combien de temps est resté placé un capital de 1872 francs qui à 5 % a rapporté 26 francs ?

**119.** Quelle somme faut-il placer à 5 % pendant 11 mois pour avoir, capital et intérêts réunis, 1004 fr. ?

**120.** Un capital de 5572 francs a produit $1o3^f,25$ d'intérêt en 5 mois 10 jours : combien un capital de 3758 francs produira-t-il au même taux en 7 mois 13 jours ?

**121.** Une personne emprunte une somme de 1860 fr.

9.

pour 5 mois au taux de 5 % : combien aura-t-elle à rembourser à son créancier ?

**122.** Des obligations au porteur de 1000 fr. chacune rapportent 50 francs par an ; on prend ces obligations à 1045 francs : à quel taux place-t-on ainsi son argent ?

**123.** Une personne emprunte 1000 francs ; elle doit rendre 300 francs dans 6 mois, 300 francs dans 8 mois, 300 francs dans 10 mois et 100 francs dans 1 an. Quelle somme le prêteur devra-t-il remettre à la personne, s'il prélève d'avance les intérêts, eu égard aux remboursements successifs ? Le taux est 5 %.

**124.** On a deux paiements à effectuer, l'un de 15000 francs au bout de 4 ans 6 mois, l'autre de 27000 fr. au bout de 7 ans 8 mois ; on voudrait s'acquitter en une fois au moyen d'un paiement de 42000 fr. On demande à quelle époque ce paiement unique devra s'effectuer. Le taux de l'intérêt est 5 %.

**125.** On touche 18000 francs sur une succession après avoir acquitté les frais d'héritage qui se sont élevés à 10 % : quel était le montant de la succession ?

**126.** Un capital est devenu 1925f,10 au bout de 7 mois et 1962f,30 au bout de 11 mois : trouver la valeur de ce capital et le taux auquel il était placé.

**127.** Pendant combien de temps faut-il placer un capital au taux de 6,25 % pour qu'il rapporte un intérêt égal à lui-même ?

**128.** Un capital placé à 6 % a rapporté un intérêt égal aux 3/4 de sa valeur : pendant combien de temps est-il resté placé ?

**129.** Un capital qui est resté placé pendant 4 ans a

rapporté un intérêt égal au cinquième de sa valeur : à quel taux ce capital était-il placé ?

**130.** A quel taux était placé un capital qui a augmenté en 8 mois de $\dfrac{1}{30}$ de sa valeur ?

**131.** De quelle fraction de sa valeur augmente un capital placé pendant 7 mois au taux de 6 $\%$ ?

**132.** Un capital placé pendant 15 jours a rapporté un intérêt égal au taux auquel il était placé : quelle est la valeur de ce capital ?

**133.** Un capital de 3600 francs a rapporté un intérêt égal au triple du taux auquel il avait été placé : pendant combien de temps est-il resté placé ?

**134.** A quel taux faut-il placer 43500 francs pendant 8 mois pour avoir le même intérêt qu'en plaçant 18000 fr. pendant 2 ans à 5,50 $\%$ ?

**135.** Une personne possède 60000 francs ; elle place une partie de cette somme à 5,50 $\%$, l'autre partie à 4 $\tfrac{3}{4}$ $\%$ et se fait ainsi un revenu de 5100 francs : trouver la valeur de chacune des sommes placées à 5,50 et à 4 $\tfrac{3}{4}$ $\%$.

**136.** On veut placer une somme de 72000 fr., partie à 5 $\tfrac{1}{4}$ $\%$, partie à 4 $\tfrac{1}{2}$ $\%$, de telle sorte que le revenu soit le même que si la somme totale était placée à 5 $\%$ : comment doit-on partager la somme totale ?

**137.** Deux sommes d'argent placées pendant le même temps, l'une au taux de 5 $\tfrac{1}{2}$ $\%$, l'autre au taux de 4 $\tfrac{1}{2}$ $\%$, ont rapporté le même intérêt : trouver la valeur de chacune d'elles, sachant que, réunies, elles forment un capital de 100000 francs.

**138.** Deux sommes d'argent ont été placées, l'une à

5 $0/_0$, l'autre à 4 $^1/_2$ $0/_0$; les intérêts rapportés par ces deux sommes dans le même temps sont entre eux comme 6 est à 7 : quel est le rapport qui existe entre les deux sommes d'argent?

**139.** Deux sommes d'argent, l'une de 1700 francs, l'autre de 900 francs placées, au même taux, ont rapporté le même intérêt : calculer le rapport des temps pendant lesquels elles ont été placées.

**140.** Deux sommes d'argent, l'une de 1600 francs, l'autre de 900 francs, placées pendant le même temps ont rapporté le même intérêt. Trouver le taux auquel elles ont été placées l'une et l'autre, sachant que la somme de ces taux est égale à 10.

**141.** Escompter en dehors à 5 $0/_0$ un billet de 4520 fr. payable dans 3 mois.

**142.** Une personne doit 5000 francs ; elle remet à son créancier un billet de 4200 francs payable dans 4 mois : combien doit-elle ajouter d'argent comptant pour acquitter sa dette ? Le taux de l'escompte est 6 $0/_0$.

**143.** A quel taux place-t-on son argent lorsqu'on escompte en dehors à 5 $0/_0$?

**144.** A quel taux faudrait-il escompter en dehors pour retirer de son argent 5 $0/_0$?

**145.** On a remis en échange d'un billet payable dans 3 mois et escompté en dehors à 6 $0/_0$, une somme de 1783$^f$,50 : quel était le montant du billet ?

**146.** Un billet est payable dans 3 mois; on l'escompte en dehors à 5 $0/_0$ et l'on remet au porteur 872 francs : qu'a-t-on retenu sur le montant du billet?

**147.** A quel taux a été escompté en dehors un billet

de 2000 francs payable dans 45 jours et en échange duquel on a reçu 7955 francs ?

**148.** A quelle époque était payable un billet de 1440 francs dont l'escompte en dehors à 5 $\%$ s'est élevé à 25 francs ?

**149.** A quelle époque étaient payables 1200 francs de marchandises qu'on a payées comptant 1160 francs en profitant d'un escompte de 6 $\%$ par an ?

**150.** On achète des marchandises payables dans 5 mois ; on paie comptant 1970 francs en profitant d'un escompte de 6 $\%$ par an : quel est le prix des marchandises ?

**151.** Escompter en dedans à 6 $\%$ un billet de 1530 fr. payable dans 4 mois.

**152.** A quelle époque était payable un billet de 4050 fr. dont l'escompte en dedans à 5 $\%$ s'est élevé à 45 francs ?

**153.** Quel est le montant d'un billet payable dans 2 mois 15 jours et pour lequel on a reçu 860 francs, ce billet ayant été escompté en dedans à 6 $\%$ ?

**154.** A quel taux a été escompté en dedans un billet de 6300 francs payable dans 40 jours et pour lequel on a reçu 6265 francs ?

**155.** Quel est le prix de 1200 francs de rentes 5 $\%$ au cours de 105$^f$,90 ?

**156.** On a payé 21390 francs un titre de 1000 francs de rentes 5 $\%$ : à quel cours a-t-on acheté ?

**157.** A quel taux place-t-on son argent en achetant de la rente 3 $\%$ au cours de 64$^f$,95 ?

**158.** Combien aura-t-on de rentes 3 $\%$ au cours de 62$^f$,25 pour 124500 francs ?

**159.** Une personne vend 2300 francs de rente 5 %, au cours de 103$^f$,90 et achète avec le prix de sa vente, de la rente 3 % au cours de 65$^f$,10 : combien aura-t-elle de rente 3 %?

**160.** On achète 1000 francs de rente 5 % au cours de 98 francs : de combien se trouve accru le capital de l'acheteur lorsque le cours devient 104$^f$,25 ?

**161.** Une personne possède 1000 francs de rente 5 % qu'elle a achetés au cours de 95 francs et 1000 francs de rente 3 % au cours de 63 francs : le cours du 5 % s'abaisse à 94$^f$,25 : que doit devenir le cours du 3 % pour que le capital de la personne reste le même ?

**162.** On achète 1200 francs de rentes 3 % au cours de 63 francs et 800 francs de rentes 5 % au cours de 98 fr. : à quel taux se trouve ainsi placée la somme entière que l'on a consacrée à ces achats?

**163.** La rente 3 % étant au cours de 63 francs et la rente 5 % au cours de 107 francs, quel est le plus élevé de ces deux cours?

**164.** La rente 5 % étant au cours de 102 francs, quel doit être le cours de la rente 3 % pour que les deux rentes rapportent le même intérêt?

**165.** Le cours de la rente 5 % s'élève de 0$^f$,70 ; de combien doit s'élever le cours de la rente 3 %, si la hausse se fait égale sur l'une et l'autre rente?

**166.** Une personne achète 1200 francs de rentes 5 % au cours de 51 francs ; elle vend ses rentes quelque temps après et fait ainsi un bénéfice de 2000 francs : à quel cours a-t-elle vendu?

**167.** Une personne possède 2400 francs de rentes 5 %;

elle les vend au cours de 98 francs et achète en échange
de la rente 3 % au cours de 6o francs : que devient son
revenu ?

**168**. Deux personnes possèdent le même revenu,
l'une en rentes 5 %, l'autre en rentes 3 % ; à un certain
moment, leurs revenus sont représentés par le même
capital, le cours de la rente 5 % étant de $99^f,5o$ : quel
est à ce moment le cours de la rente 3 % ?

**169**. Partager le nombre 4945 en parties propor-
tionnelles aux nombres $2 + \dfrac{3}{4}$, $5 + \dfrac{7}{12}$, $8 + \dfrac{3}{20}$.

**170**. Partager 1 en parties proportionnelles à $\sqrt{2}$ et
$\sqrt{3}$. On calculera les résultats à 0,001 près.

**171**. Partager le nombre 180 en trois parties dont les
carrés soient proportionnels aux nombres 5o, 72 et 98.

**172**. Partager le nombre 817,25 en parties proportionnelles à trois arcs, le premier de 12° 45′, le second
de 15° 2o′, le troisième de 19° 11′.

**173**. Partager 88° 21′ 15″ en parties proportionnelles
aux nombres 5,2, 5,5 et 8,5.

**174**. Partager 2500 francs entre trois personnes, de
telle sorte que la part de la première soit à la part de la
seconde comme 2 est à 5, et que la part de la seconde
soit à celle de la troisième comme 5 est à 7.

**175**. Partager 8590 francs entre trois personnes, de
telle sorte que la part de la première soit à la part de la
seconde comme $2 + \dfrac{4}{7}$ est à $4 + \dfrac{4}{9}$, et que la part de la
seconde soit à la part de la troisième comme $5 + \dfrac{5}{7}$ est à
$6 + \dfrac{6}{11}$.

**176.** Partager 775 francs entre trois personnes, de telle sorte que la part de la première soit égale aux $\frac{2}{3}$ de la part de la seconde augmentés de 175 francs, et que la part de la seconde soit égale aux $\frac{4}{5}$ de la part de la troisième diminués de 60 francs.

**177.** Trois ouvriers ont fait un travail en commun : le premier a travaillé pendant 8 jours et 10 heures par jour, le second pendant 12 jours et 8 heures par jour, et le troisième pendant 15 jours et 6 heures par jour. Ils ont reçu 3990 francs. Quelle est la part qui revient à chacun d'eux ?

**178.** Deux ouvriers ont fait en commun un travail pour lequel ils ont reçu 1800 francs; le premier a travaillé pendant 10 jours, 9 heures par jour, et le second pendant 12 jours : on demande combien ce dernier a dû travailler d'heures par jour sachant que sa part de l'argent gagné n'est que les $\frac{2}{3}$ de celle du premier ouvrier?

**179.** Un débiteur ne peut donner à ses créanciers que 38500 francs ; il doit à l'un 25000 francs, à un second 18000 francs et à un troisième 12000 francs. Combien chacun d'eux recevra-t-il ?

**180.** La somme des mises de deux associés est de 3000 francs, et la mise du second est les $\frac{5}{7}$ de celle du premier ; le bénéfice étant égal aux $\frac{2}{5}$ de la mise du premier, quelle part de ce bénéfice revient-il à chaque associé ?

**181.** Deux associés ont fait un bénéfice de 6250 francs;

le premier a reçu 3000 francs : déterminer la mise de chacun d'eux, sachant que la somme de ces mises est égale à 10000 francs.

**182.** Trois associés ont mis ensemble 25000 francs et ont fait un bénéfice de 6250 francs ; le premier a reçu pour sa part 3400 francs, le second 2500 francs : quelle a été la mise de chaque associé ?

**183.** On mélange 2 hectolitres de vin à 0$^f$,45 le litre avec 50 litres de vin à 1$^f$,10 le litre : quel est le prix de l'hectolitre du mélange ?

**184.** On a mélangé du vin à 0$^f$,90 le litre avec 30 litres de vin à 1$^f$,30 : le litre du mélange valant 1 franc, on demande combien ce mélange contient de litres de vin à 0$^f$,90.

**185.** Combien faut-il ajouter d'eau (on suppose que l'eau ne coûte rien) à 17 hectolitres de vin à 1 franc pour abaisser le prix à 0$^f$,85 ?

**186.** Dans 570 litres de vin à 1$^f$,25 on introduit 30 litres d'eau : quel sera le prix de l'hectolitre du mélange ?

**187.** Combien faut-il ajouter d'eau à 210 litres de vin pour que le prix du litre du mélange devienne les $\dfrac{5}{7}$ du prix du vin ?

**188.** Un mélange de 700 litres de vins à 1$^f$,25 et à 0$^f$,90 coûte 700 francs : combien ce mélange contient-il de litres de chaque espèce de vin ?

**189.** On a 500 litres de vin à 1$^f$,25 le litre ; on y ajoute 100 litres d'eau qui ne coûtent rien et l'on demande combien il faut ajouter au mélange de litres de vin à 0$^f$,90 pour que le litre de ce dernier mélange coûte 1 fr. ?

**190**. On a 3 hectolitres de vin à 1$^f$,20 le litre ; on enlève 50 litres que l'on remplace par 50 litres de vin à 0$^f$,75 le litre : que devient le prix du litre ?

**191**. On fond ensemble deux lingots d'or : le premier pèse 650 grammes et est au titre de 0,920 ; le second pèse 2 kilogrammes 3 décagrammes et est au titre de 0,850 : trouver le titre de l'alliage résultant.

**192**. On a fondu ensemble deux lingots d'argent, le premier pèse 2 kilogrammes et est au titre de 0,920 ; le second est au titre de 0,750 : calculer le poids de ce dernier lingot sachant que le titre de l'alliage est 0,800.

**193**. Combien peut-on faire de pièces de 1 franc avec 12 kilogrammes d'argenterie au titre de 0,950 ?

**194**. Combien peut-on fabriquer de pièces de 1 franc avec 100 pièces de 5 francs en argent ?

**195**. On a fondu ensemble 200 pièces de 1 franc et 200 pièces de 5 francs en argent : trouver le titre de l'alliage résultant.

**196**. On a deux lingots d'or ; le premier contient 960 grammes d'or pur et 40 grammes de cuivre, le second contient 1 kilogramme 850 grammes d'or pur et 150 gr. de cuivre : combien faut-il prendre de grammes de chacun de ces lingots pour former 800 grammes d'un lingot contenant 760 grammes d'or pur ?

**197**. On a un lingot d'or au titre de 0,900 pesant 800 grammes ; on lui enlève 50 grammes que l'on remplace par 50 grammes de cuivre : que devient le titre du lingot ?

**198**. Quelle est la valeur d'une pièce de monnaie en or dont le poids est 7$^g$,98 et le titre 0,916 ?

**199.** Quelle quantité de cuivre faut-il ajouter à un lingot d'or pesant 600 grammes pour que le titre devienne les $\frac{5}{12}$ de ce qu'il était primitivement?

**200.** On a allié 3 kilogrammes d'argent pur avec 5 kilogrammes de cuivre : combien faut-il ajouter d'argent pur pour que le titre de l'alliage devienne 0,900 ?

# SOLUTIONS

1. 31 et 29.

2. 5.

3. 64000 fr.   16000 fr. 4000 fr.   1000 fr.

4. 380 fr. 370 fr. 250 fr.

5. 873 fr. 62 fr. 363 fr. 448 fr.

6. 781 et 71.

7. 227 et 17.

8. 228 et 42.

9. 15 et 10.

10. 57.

11. 250 pièces de 5 fr. et 50 pièces de 2 fr.

12. 31 ans et 4 ans.

13. 4 ans.

14. 15 secondes. A 240 mètres du point A.

15. 120 heures. A 1220 kilom. du point A.

16. 5 fr. et 4 fr.

17. 8 jours.

18. 6 heures.

19. 22 à 3 fr. et 8 à 4 fr.

20. 5 et 7.

21. 8.

22. 2100 mètres.

23. 1815 fr.

24. 144.

25. 72.

26. 4 jours.

27. 1 jour $\dfrac{1}{59}$.

28. 1 heure 8 minutes $\dfrac{52}{61}$.

29. 72000 fr.

30. 4 litres $\dfrac{1}{6}$ d'eau et 5 litres $\dfrac{5}{6}$ de vin.

31. $9\dfrac{9}{14}$ %.

**32.** 6500 fr.

**33.** $\dfrac{5}{8}$.

**34.** 147.

**35.** 25 et 15.

**36.** 12 et 3.

**37.** 140 et 60.

**38.** 168 fr.

**39.** 900 fr.

**40.** 10000 francs. 4000 fr. 3000 fr.

**41.** 80 fr.

**42.** 6 mètres.

**43.** 42 fr.

**44.** La seconde. 10 heures

**45.** 160000 fr.

**46.** 25 litres $\dfrac{5}{5}$ de vin et 24 litres $\dfrac{2}{5}$ d'eau.

**47.** 80 fr.

**48.** 4 litres $\dfrac{29}{35}$.

**49.** $6^m,25$.

**50.** 264.

**51.** 4600 fr. 1200 fr.

**52.** 700 fr.

**53.** 700 fr.

**54.** 1 heure 5 minutes $\dfrac{5}{11}$

2 heures 10 min. $\dfrac{10}{11}$

3 heures 16 min. $\dfrac{4}{11}$ etc.

**55.** 12 heures 4 min. $\dfrac{8}{13}$.

**56.** 28.

**57.** $\dfrac{8}{55}$ et $\dfrac{14}{55}$.

**58.** 180. 160. 150.

**59.** 42.

**60.** 500.

**61.** 125.

**62.** 5500 fr. et 5000 fr.

**63.** 48 ans.

**64.** 24 ans.

**65.** A une distance de midi égale à 15 minutes $\dfrac{11}{12}$.

**66.** 6 lieues $\dfrac{7}{24}$.

**67.** 138 jours $\dfrac{6}{15}$.

**68.** 72° 30′.

**69.** 141 heures 55 min. 50 secondes.

**70.** 56 fr.

**71.** $8^g,7$.

**72.** 14 heures 49 minutes 29 secondes.

**73.** 66° 18′.

**74.** 186° 7′ 12″.

75. $54^\circ 25' 50''.77$.

76. 75 centilitres.

77. $32^{mc},807$.

78. $1^f,90$.

79. $83^k,5$.

80. 90 kilogrammes.

81. $6^g,4516$.

82. 115 centilitres.

83. 5 tonnes.

84. $322^k,580$.

85. 1728 fr.

86. 1500 fr.

87. $1^h 45^a 14^c$.

88. $67^j 14^h 13^m 20^s$.

89. $272^j 16^h 4^m 48^s$.

90. $4^h 44^m 13^s \frac{2}{11}$.

91. $14^\circ 29' 55'',5$.

92. $63^{mc},193650$.

93. $35^s,678$.

94. 10 et 15 centilitres.

95. $10\%$.

96. $548^f,04$.

97. $424^f,65$.

98. 75 mètres.

99. 1875 fr.

100. $340^g,9$.

101. 500 grammes.

102. 3.

103. 450.

104. 240.

105. $1125^f,525$.

106. $627^k,750$.

107. $687^f,50$.

108. $0^m,717$ (par excès).

109. 15.

110. $9^j \frac{9}{32}$.

111. 8 heures.

112. 30 jours.

113. $60^m,48$.

114. 600 fr.

115. $351^f,09$.

116. 5300 fr.

117. $5\%$.

118. 3 mois 10 jours.

119. 960 fr.

120. $100^f,67$.

121. $1898^f,75$.

122. $4,78\%$.

123. 965 fr.

124. 6 ans 6 mois 13 jours.

125. 20000 fr.

126. 1860 fr. $6\%$.

127. 16 ans.

128. 12 ans $1/2$.

129. $5\%$.

130. $5\%$.

131. 0,035.

132. 2400 fr.

133. 1 mois.

134. $6,83\%$ (par excès).

135. $33333^f,33$ et $26666^f,67$.

136. 48000 fr. et 24000 fr.

**137.** 45000 fr. et 55000 fr.

**138.** $\dfrac{27}{35}$.

**139.** $\dfrac{9}{17}$.

**140.** 3,60 et 6,40 %.

**141.** 56$^f$,50.

**142.** 884 fr.

**143.** 5,26 %.

**144.** 4,76 %.

**145.** 1810$^f$,66 (par excès).

**146.** 14$^f$,07.

**147.** 18 jours.

**148.** 4 mois 5 jours.

**149.** 6 mois 20 jours.

**150.** 2000 fr.

**151.** 30 fr.

**152.** 80 jours.

**153.** 870$^f$,75.

**154.** 5 %.

**155.** 24936 fr.

**156.** 106$^f$,95.

**157.** 4,62 % (par excès).

**158.** 6000 fr.

**159.** 2202$^f$,49 (par excès).

**160.** 1250 fr.

**161.** 63$^f$,45.

**162.** 4,89 %.

**163.** Le cours de 107 fr.

**164.** 61$^f$,20.

**165.** 0$^f$,42.

**166.** 56 fr.

**167.** 2352 fr.

**168.** 59$^f$,70.

**169.** 825. 1675. 2445.

**170.** 0,449 et 0,551.

**171.** 50. 60. 70.

**172.** 220,45. 265,12. 331,68.

**173.** 16° 37′ 52″ $\dfrac{96}{170}$.

27° 32′ 43″ $\dfrac{159}{170}$.

44° 10′ 36″ $\dfrac{85}{170}$.

**174.** 500 fr. 750 fr. 1050 fr.

**175.** 1782 francs. 5080 fr. 5528 fr.

**176.** 295 fr. 180 fr. 500 fr.

**177.** 1200 francs. 1440 fr. 1350 fr.

**178.** 5 heures.

**179.** 17500 fr. 12600 fr. 8400 fr.

**180.** 588 fr. 252 fr.

**181.** 4800 fr. et 5200 fr.

**182.** 13600 fr. 10000 fr. 1400 fr.

**183.** 0$^f$,58.

**184.** 90 litres.

**185.** 300 litres.

**186.** 118$^f$,75.

**187.** 84 litres.

**188.** 200 et 500 litres.

**189.** 250 litres.

SOLUTIONS.

190. $1^f,125$.

191. $0,867$ (par excès).

192. $4^k,800$.

193. $27305$.

194. $538$.

195. $0,889$

196. $571^g,429$ et $228^g,571$.

197. $0,844$ (par excès).

198. $25^f,17$.

199. $840$ grammes.

200. $42$ kilogrammes.

# TABLE DES MATIÈRES.

172                                    TABLE.

## CHAPITRE V.
SYSTÈME MÉTRIQUE.

## CHAPITRE VI.
RAPPORTS ET PROPORTIONS.

## CHAPITRE VII.
GRANDEURS PROPORTIONNELLES — PROBLÈMES.

Abbeville, imp. Briez, C. Paillart et Retaux.

www.ingramcontent.com/pod-product-compliance
Lightning Source LLC
Chambersburg PA
CBHW072346200326
41519CB00015B/3676